模具拆装与零件检测

主　编：周　勤

副主编：肖世国　鲁红梅

参　编：刘钰莹　彭　浪　刘享友

　　　　樊　敏　郑　莹

U0208466

西南师范大学出版社

国家一级出版社　全国百佳图书出版单位

图书在版编目(CIP)数据

模具拆装与零件检测 / 周勤主编. -- 重庆:西南
师范大学出版社, 2016.8
　ISBN 978-7-5621-8036-4

　Ⅰ.①模… Ⅱ.①周… Ⅲ.①模具－装配(机械)②
机械元件－检测 Ⅳ.①TG76②TH13

　　中国版本图书馆CIP数据核字(2016)第143306号

模具拆装与零件检测

主　编:周　勤

策　　划:刘春卉　杨景罡

责任编辑:曾　文

封面设计:畅想设计

出版发行:西南师范大学出版社

　　　　　　地址:重庆市北碚区天生路2号

　　　　　　邮编:400715

　　　　　　电话:023-68868624

　　　　　　网址:http://www.xscbs.com

印　　刷:重庆荟文印务有限公司

开　　本:787mm×1092mm　1/16

印　　张:9.75

字　　数:250千字

版　　次:2016年9月 第1版

印　　次:2016年9月 第1次

书　　号:ISBN 978-7-5621-8036-4

定　　价:22.00元

　　尊敬的读者,感谢您使用西师版教材! 如对本书有任何建议或
要求,请发送邮件至 xszjfs@126.com。

编 委 会

主　任：朱　庆

副主任：梁　宏　吴帮用

委　员：肖世明　吴　珩　赵　勇　谭焰宇　刘宪宇

　　　　黄福林　夏惠玲　钟富平　洪　奕　赵青陵

　　　　明　强　李　勇　王清涛

前言
PREFACE

　　本书是在行业专家对模具专业所涵盖的岗位群进行工作任务和职业能力分析的基础上，参照模具制造工（四级）的国家职业资格考核要求，改变传统的学科体系课程模式，充分体现任务引领的特点，结合最新教学需求编写的。

　　本教材内容的总体设计思路是：以模具设计与制造专业相关工作任务和职业能力分析为依据，以"必需、够用、兼顾发展"为原则，以工作任务为线索，并融合模具制造工（四级）国家职业资格考核对知识与技能的要求，构建任务引领型课程。选择典型结构模具，循序渐进，逐步深入，让学生通过拆装、测绘、检测活动，培养和增强学生相互间的协作能力、创新能力及综合职业能力。建立实现理论与实践有机结合、做学一体的课程模式。

　　本书的主要特色如下：

　　（1）以职业能力分析为依据，以任务引领为线索，体现"做中学，做中教"。

　　（2）以理实一体化教学形式设计教材及教学活动，按照"必需、够用、兼顾发展"的原则，循序渐进地组织教材内容。

（3）充分考虑中职学生的实际状况，结合模具拆装、模具零件尺寸与形状特点，注重动手能力的培养，以便于提高学习实效。

（4）教材编写图文并茂，帮助学生理解学习内容，提高学习兴趣，表达精炼、准确、科学。

（5）教材反映模具检测技术的现状和发展趋势，引入新技术、新工艺。

（6）教材内容融入人文教育，培养学生的劳动意识、安全意识、形象意识、规范意识、标准意识及环保意识。

全书由周勤任主编，肖世国、鲁红梅任副主编，刘钰莹、彭浪、刘享友、樊敏、郑莹参与部分编写。全书由赵勇审稿，重庆宝利根精密模具有限公司提供了大力支持，在此一并表示感谢。

由于时间及编者水平有限，难免有欠妥之处，恳请读者批评指正。

目录
CONTENTS

项目一 冷冲压模具拆装与测绘

　　冷冲压模具多为安装在压力机上、在室温下对材料施加变形力以获得一定形状、尺寸和性能的产品零件的特殊专用工具。冲压模具的结构形式很多,本项目主要通过对单工序冲裁模具、复合冲裁模具、弯曲模具三类典型冲压模具(如下图所示)的拆装及测绘方法的学习,进一步增强对典型冲压模具结构的认识,为今后学习冲压模具的结构设计打下基础。

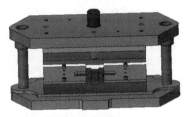

三类典型冲压模具

目标类型	目标要求
知识目标	(1)识记模具拆装安全操作规程 (2)认识模具拆装工具 (3)描述冲裁模具、连续模具与复合模具的类型、结构 (4)理解冲裁模具、复合模具与弯曲模具的拆装步骤 (5)理解冲压模具的装配图、零件图的测绘方法
技能目标	(1)能按安全操作规程与工艺规程拆装模具 (2)会使用拆装工具拆装冷冲压模具 (3)能识别冷冲压模具类型、结构及模具零件、标准件 (4)能正确绘制模具零件图、装配图
情感目标	(1)能遵守安全操作规程 (2)养成吃苦耐劳、精益求精的好习惯 (3)具有团队合作、分工协作精神 (4)能主动探索、寻找解决问题的途径

任务一 拆装单工序冲裁模具

任务目标

(1)能识记模具拆装安全操作规程。

(2)能识别和正确使用模具拆装常用工具。

(3)能描述单工序冲裁模具的基本结构、类型。

(4)能正确、熟练拆装单工序冲裁模具。

任务分析

拆装的单工序冲裁模具结构示意图如图1-1-1所示,图中所示的工件中的两孔即为此模具冲压而成,其三维结构如图1-1-2所示。

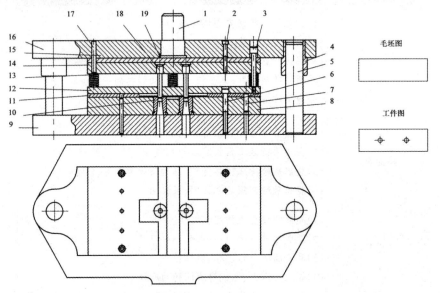

1-模柄;2,6-螺钉;3-卸料螺钉;4-导套;5-导柱;7,17-销钉;8,14-固定板;9-下模座;
10-冲孔凹模;11-定位板;12-卸料板;13-弹簧;15-垫板;16-上模座;18-冲孔凸模;19-防转销

图1-1-1 电镀表固定板冲孔模

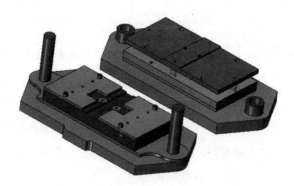

图 1-1-2 电镀表固定板冲孔模

一、模具结构分析

如图 1-1-1 所示为采用中间导柱导套布置的冲孔模,导套 4 压入上模座 16,导柱 5 压入下模座 9,导柱 5 与导套 4 之间为间隙配合,常采用 H7/h6。

这副模具采用了由卸料板 12、卸料螺钉 3 及弹簧 13 组成的弹性卸料装置。在冲压时对冲裁件有良好的压平作用,冲出的工件比较平整,质量较好,特别适合于冲裁厚度较薄、材质较软的冲裁件。为了不妨碍弹压卸料装置的压平作用,卸料板 12 做成了台阶及与螺钉 6 对应位置开设了通孔让位。

冲孔凹模 10 以台阶固定的方式镶嵌在固定板 8 中,以便于更换凹模、节约贵重材料。在固定板 8 中间位置开设一通槽,其作用是便于撬出工件。

二、模具基本零件

单工序冲裁模具的零件按用途可分为工艺零件和辅助零件两大类,单工序冲裁模具零件分类及作用见表 1-1-1。

表 1-1-1 单工序冲裁模具零件分类及作用

零件种类		零件名称及序号	零件作用
工艺零件	工作零件	冲孔凸模 18 冲孔凹模 10	直接对坯料进行加工,完成坯料冲孔分离
	定位零件	定位板 11	确保坯料在模具中占有正确位置
	卸料零件	卸料板 12	保证冲孔完成后从凸模上刮下工件
辅助零件	导向零件	导柱 5、导套 4	保证工作时凸模与凹模保持准确位置
	支撑零件	上模座 16、下模座 9、模柄 1、凸模固定板 14、凹模固定板 8、垫板 15	支承、连接工件零件
	紧固及其他零件	螺钉 2、6、3 销钉 7、17、19 弹簧 13	紧固各类模具零件的标准件,销钉起稳固定位作用,弹簧起辅助卸料作用

三、模具工作原理

这副冲裁模具可分为上模和下模两大部分,工作时下模用压板固定在压力机的台面上,不动。上模通过模柄与压力机滑块连在一起,并随压力机滑块做上下往复运动。毛坯首先放入定位板11中定位,当上模下行时,卸料板12先压住毛坯,接着冲孔凸模18压入冲孔凹模10,在毛坯上冲出两孔,工件也紧紧箍在凸模上。当上模回程时,工件借弹簧的弹力推动卸料板12从凸模上刮下工件,至此完成整个冲孔过程。撬出工件,再次放入毛坯,进行下一个毛坯的冲孔。

 **任务实施**

一、学习模具拆装安全操作规程

1. 现场安全文明生产要求

实践教学安全与安全生产人人有责,认真执行国家有关安全生产、劳动保护政策的规定,严格遵守安全操作技术规程和各项安全实习、安全生产规章制度。

(1)加强学生的安全教育和培训,树立安全第一的思想,杜绝人身事故发生。

(2)工作前必须按规定穿戴好防护用品,女同学要把头发放入帽内,不得穿高跟鞋、凉鞋,严禁戴手套操作旋转设备。

(3)实训前应认真预习,明确实验目的、内容、原理、方法、步骤和注意事项。听从教师指导,遵守实训室的有关规章制度。

(4)进入实训室必须保持安静,不准高声喧嚷、谈笑,不准随便窜走,不准随地吐痰,严禁吸烟,不准乱抛纸屑杂物,要保持实训室清洁卫生。

(5)严格遵守操作规程,服从实训教师的指导,爱护实验设备、工具材料,注意节约,不得动用与本实验无关的仪器设备。

(6)严禁任何人在起吊物件下操作或停留,在起吊重物前必须严格检查起吊用具,不允许斜吊。

(7)室内一切设备、物资,未经实训教师(或实训室工作人员)同意,任何人不得擅自动用和携带出室外。

(8)实训结束后,必须切断电源,关好水龙头及门窗,熄灭火种,清理场地。

2.模具拆装安全操作规程

(1)模具搬运时,注意上、下模(或动、定模)应在合模的状态,双手(一手扶上模,一手托下模)搬运,注意轻放、稳放。

(2)进行模具拆装工作前,必须检查工具是否正常,并按工具安全操作规程操作,注意正确使用工具。

(3)拆装模具时,首先应了解模具的工作性能、基本结构及各部分的重要性,按次序拆装。

(4)使用铜棒、撬棒拆卸模具时,姿势要正确,用力要适当。

(5)使用螺丝刀时的注意事项:

①螺丝刀口不可太薄、太窄,以免旋紧螺丝时滑出。

②不得将零部件拿在手上用螺丝刀松紧螺丝。

③螺丝刀不可用铜棒或钢锤锤击,以免手柄砸裂。

④螺丝刀不可当凿子使用。

(6)使用扳手时的注意事项:

①必须与螺帽大小相符,否则操作时会打滑使人摔倒。

②扳手紧螺栓时不可用力过猛,松螺栓时应慢慢用力扳松,注意可能碰到的障碍物,防止碰伤手部。

(7)拆卸的零部件应尽可能放在一起,不要乱丢乱放,注意放稳放好,工作地点要经常保持清洁,通道不准放置零部件或者工具。

(8)拆卸模具的弹性零件时应防止零件突然弹出伤人。

(9)传递物件要小心,不得随意投掷,以免伤及他人。

(10)不能用拆装工具玩耍、打闹,以免伤人。

二、识别模具拆装常用工具

模具常用的拆装工具有扳手、螺钉旋具、取销棒、钢锤、撬杠、铜棒等。下面将分别进行学习。

1.扳手

(1)内六角扳手,如图1-1-3(a)所示,专门用于拆装标准内六角螺钉。

(2)活动扳手,如图1-1-3(b)所示,可用于拆装一定尺寸范围内的六角头或方头螺栓、螺母。

(3)套筒扳手,如图1-1-3(c)所示,拆装六角头螺母、螺栓,特别适用于空间狭小、位置深凹的位置。

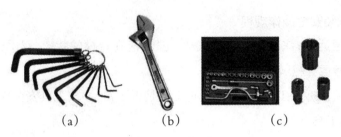

$$(a) \qquad (b) \qquad (c)$$

图1-1-3 扳手

2.螺钉旋具(螺丝刀)

(1)"一"字槽螺丝刀,如图1-1-4(a)所示,用于紧固或拆卸各种标准的"一"字槽螺钉。

(2)"十"字槽螺丝刀,如图1-1-4(b)所示,用于紧固或拆卸各种标准的"十"字槽螺钉。

(a)

(b)

图1-1-4 螺丝刀

3.取销棒(图1-1-5)

可用取销棒配合钢锤敲打、取出模具中的销钉。

4.钢锤(图1-1-6)

钢锤一般用于锤击,与取销棒配合使用,可将定位销钉从模板中取出。

图1-1-5 取销棒　　　图1-1-6 钢锤

5.撬杠(图1-1-7)

撬杠主要用于搬运、撬起笨重物体等。

6.铜棒(图1-1-8)

铜棒是利用铜料较软的特点,用于敲打模具、销钉及取出凸模、型芯等零件时,可使铜棒变形而不伤害模具零件。

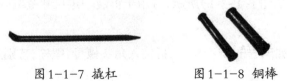

图1-1-7 撬杠　　　图1-1-8 铜棒

三、拆装准备

（1）模具准备。单工序冲裁模具若干套。

（2）工具准备。领用并清点内六角扳手、平行铁、台虎钳、钢锤、铜棒等拆装模具所用的工具，将工具摆放整齐。实训结束时按照工具清单清点工具，交给实训教师验收。

（3）小组分工。同组人员对拆卸、观察、记录等工作可分工负责，协作完成。

（4）课前预习。熟悉实训要求，按要求预习、复习有关理论知识，详细阅读本教材相关知识，对实训报告所要求的内容在实训过程中做详细的记录。

四、拆装步骤

1.单工序模(图1-1-1)的拆卸过程(表1-1-2)

表1-1-2 单工序模的拆卸

步骤		操作内容	拆卸工具	注意事项
分模	1	分开上模部分与下模部分	铜棒	一手托住上模部分，一手用铜棒轻轻敲击下模底板
拆卸上模	2	上模置于钳工台上，旋松卸料螺钉3，拆下卸料板12、弹簧13	内六角扳手	上模座的模柄应放置在台虎钳钳口内，以便稳住上模
	3	打出销钉17	取销棒、钢锤	销钉有序摆放
	4	旋出内六角螺钉2，取下固定板14与垫板15	内六角扳手	螺钉有序摆放
	5	分离冲孔凸模18与凸模固定板14	铜棒	(1)拆卸时不可碰伤凸模工作表面 (2)凸模应放在专用盘内或单独存放
拆卸下模	6	下模置于钳工台上，打出下模座上销钉7	取销棒、钢锤	销钉有序摆放
	7	旋出内六角螺钉6，取下定位板11及凹模固定板8	内六角扳手	螺钉有序摆放
	8	分离冲孔凹模10及凹模固定板8	铜棒	(1)拆卸时不可碰伤凹模工作表面 (2)凹模应放在专用盘内或单独存放 (3)所有零件有序摆放

（1）分开上模部分与下模部分，如图1-1-9所示。

（2）上模置于钳工台上，旋松卸料螺钉，拆下卸料板、弹簧，如图1-1-10所示。

图1-1-9 分开上、下模

图1-1-10 拆卸卸料装置

（3）打出上模销钉，如图1-1-11所示。

（4）旋出内六角螺钉，取下固定板与垫板，如图1-1-12所示。

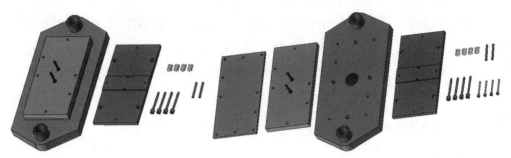

图1-1-11 拆下上模销钉　　　　　　图1-1-12 分开固定板、垫板及下模座

（5）分离冲孔凸模与凸模固定板，如图1-1-13所示。

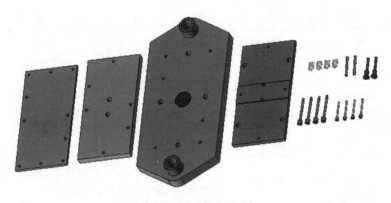

图1-1-13 拆卸凸模

（6）下模置于钳工台上，打出下模座上销钉，如图1-1-14所示。

（7）旋出内六角螺钉，取下定位板及凹模固定板，如图1-1-15所示。

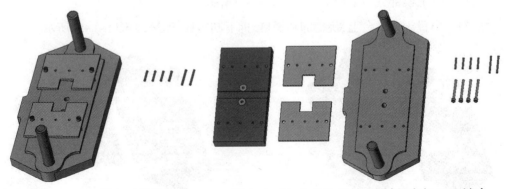

图1-1-14 拆卸下模销钉　　　　　　图1-1-15 分开定位板、凹模固定板及下模座

（8）分离冲孔凹模及凹模固定板，如图1-1-16所示。

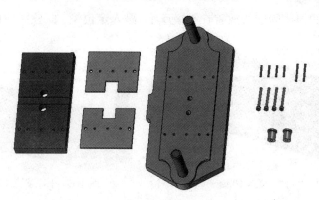

图1-1-16 分离凹模及凹模固定板

2. 单工序模的装配过程（表1-1-3）

表1-1-3 单工序模的装配

步骤		操作内容	装配工具	注意事项
装配下模	1	将冲孔凹模10装入固定板8	铜棒	装配时，不可碰伤凹模工作表面
	2	将装好凹模的固定板8放置在下模座9上，敲入定位销	铜棒	清理销钉及销孔，无杂物
	3	将定位板11放在固定板8上，敲入销钉7，并旋入内六角螺钉6将下模座9、固定板8及定位板11一起拉紧	铜棒、内六角扳手	(1)清理销钉及销孔，无杂物 (2)紧固螺钉时应交叉、分步拧紧 (3)注意先打销子再装螺钉
装配上模	4	将冲孔凸模18敲入固定板14	铜棒	装配时，不可碰伤凸模工作表面
	5	将上模座16上的模柄1放置在台虎钳的钳口内，将垫板15、固定板14放置在上模座16上，敲入销钉17，旋入内六角螺钉2	铜棒、内六角扳手	(1)清理销钉及销孔，无杂物 (2)紧固螺钉时应交叉、分步拧紧
	6	在下模上表面垫上等高垫块，将装好的上模部分敲入下模，用塞尺或铅丝检测模具间隙大小，验证模具间隙是否均匀	等高垫块、塞尺或铅丝	多检测几个位置，以检验间隙是否均匀
	7	将卸料螺钉3装入上模座16的螺孔内，将弹簧13套入卸料螺钉3上，把卸料板12套在冲孔凸模18上旋入卸料螺钉3拉紧，调整卸料板12的平面，使其高出冲孔凸模18平面0.5 mm左右	内六角扳手	(1)调整卸料板的平面高出冲孔凸模平面0.5 mm左右 (2)调整卸料板的平面不要歪斜，一定要水平
合模	8	把上、下模部分合上	铜棒	轻轻敲击上模，防止砸伤手

（1）将冲孔凹模装入固定板，如图1-1-17所示。

（2）将装好凹模的固定板放置在下模座上，敲入定位销，如图1-1-18所示。

图1-1-17　镶入凹模　　　　　　　　图1-1-18　安装凹模固定板

（3）将定位板放在固定板上，敲入销钉，并旋入内六角螺钉将下模座、固定板及定位板一起拉紧，如图1-1-19所示。

（4）将冲孔凸模敲入固定板，如图1-1-20所示。

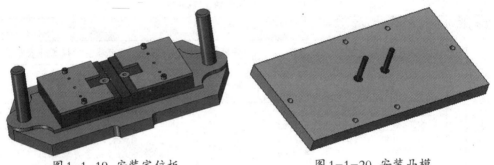

图1-1-19　安装定位板　　　　　　　图1-1-20　安装凸模

（5）将上模座上的模柄放置在台虎钳的钳口内，将垫板、固定板放置在上模座上，敲入销钉，旋入内六角螺钉，如图1-1-21所示。

（6）在下模上表面垫上等高垫块，将装好的上模部分敲入下模，用塞尺或铅丝检测模具间隙大小，验证模具间隙是否均匀，如图1-1-22所示。

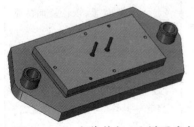

图1-1-21　安装垫板、凸模固定板　　　图1-1-22　验证模具间隙

（7）将卸料螺钉装入上模座的螺孔内，将弹簧套入卸料螺钉上，把卸料板套在冲孔凸模上，旋入卸料螺钉拉紧，调整卸料板的平面高出冲孔凸模平面0.5 mm左右，如

图1-1-23所示。

（8）把上、下模部分合上，如图1-1-24所示。

图1-1-23 安装、调节卸料装置

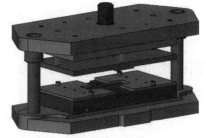

图1-1-24 合模

3. 填写模具拆装工艺卡片

通过指导教师拆装模具的示范，熟练掌握模具拆装的步骤并填写模具拆装工艺卡片，见表1-1-4。

表1-1-4 模具拆装工艺卡片

XX学校		模具拆装工艺卡片			
模具名称		单工序冲裁模具			
模具图号					
装配图号					
工序号	工序名称	工步号	工步内容	工具	夹具

相关知识

一、单工序冲裁模具的类型

冲裁模具是冲压生产所用的主要工艺装备。冲压是利用模具使板料分离或成形而得到制件的工艺,具有生产效率高、零件尺寸稳定、操作简单、成本低廉等特点。单工序冲裁模具是指压力机在一次冲压行程内只完成一种冲裁工序的模具。

1.无导向单工序冲裁模具(图1-1-25)

无导向单工序冲裁模具的特点是结构简单、质量轻、尺寸小、制造简单、成本低,但在使用时调整凸凹模间隙比较麻烦,生产出的冲裁件质量差,模具寿命低,操作不够安全。

2.导板式单工序冲裁模具(图1-1-26)

导板式单工序冲裁模具的优点是精度比无导向单工序冲裁模具高、寿命也较长、安装容易、卸料可靠、操作较安全、轮廓尺寸也不大。一般用于冲裁形状简单、尺寸不大的冲裁件。

图1-1-25 无导向单工序冲裁模具　　图1-1-26 导板式单工序冲裁模具

3.导柱式单工序冲孔模具(图1-1-27)

导柱式单工序冲孔模具的加工对象大多是已经落料或其他冲压加工后的半成品。

图1-1-27 导柱式单工序冲孔模具　　图1-1-28 导柱式单工序落料模具

4.导柱式单工序落料模具(图1-1-28)

导柱式单工序落料模具结构完善、导向比一般导板导向可靠、精度高、寿命长、使用安装方便,所以适合于冲裁精度要求较高、生产批量较大的冲裁件。

二、拆装模具的注意事项

(1)在拆装模具时,可一只手将模具的某一部分(如冷冲模的上模部分)托住,另一只手用手锤或铜棒轻轻地敲击模具的另一部分(如冷冲模的下模部分)的底板,从而使模具分开。绝不可用很大的力来锤击模具的其他工作面,或使模具左右摆动而对模具的牢固性及精度产生不良影响。

(2)拆卸模具连接零件时,必须先取出模具内的定位销,再旋出模具内的内六角螺钉。

(3)在拆卸时要特别小心,绝不可碰伤模具工作零件的表面。

(4)拆卸下来的零件应尽快清洗,放在指定的容器中,以防生锈或遗失,最好要涂上润滑油。

(5)拆卸时,对容易产生位移而又无定位的零件,应做好标记;各零件的安装方向也需辨别清楚,并做好相应的标记,以免在装配复原时浪费时间。

(6)装配卸料板时,必须使卸料板的上平面与上模具座平行且高出凸模0.5 mm左右。

(7)在装配模具连接零件时,必须先把定位销装入模具内,再旋紧模具内的内六角螺钉。

三、模具拆装的一般原则

(1)模具的拆卸工作,应按照各模具的具体结构,预先考虑好拆装程序。如果先后倒置或贪图省事而猛拆猛敲,就极易造成零件损伤或变形,严重时还将导致模具难以装配复原。

(2)模具的拆卸程序一般应先拆外部附件,再拆主体部件。在拆卸部件或组合件时,应按从外部拆到内部,从上部拆到下部的顺序,依次拆卸组合件或零件。

(3)模具装配复原程序主要取决于模具的类型和结构,基本上与模具拆卸的程序相反(先拆的后装,后拆的先装)。一般模具装配复原程序大致如下:

①先装模具的工作零件(如凸模、凹模等),一般情况下,冷冲模先装下模部分比较方便。

②再装配推料或卸料部件。

③然后装好螺钉、销钉。

④最后总装其他零部件。

任务评价

学生分组进行拆装,指导教师巡视学生拆装模具的全过程,发现拆装过程中不规范的姿势及方法要及时予以纠正,完成任务后及时按表1-1-5的要求进行评价。

表1-1-5 拆装单工序冲裁模具评价表

评价内容	评价标准	分值	学生自评	教师评估
任务准备	是否准备充分(酌情)	5分		
任务过程	操作过程规范;做好编号及标记;拆装顺序合理;工具及零件、模具摆放规范;操作时间合理	55分		
任务结果	拆装正确;工具、模具零件无损伤;能及时上交作业	20分		
出勤情况	无迟到、早退、旷课	10分		
情感评价	服从组长安排,积极参与,与同学分工协作;遵守安全操作规程;保持工作现场整洁	10分		
学习体会:				

任务二 拆装冲裁复合模具

 任务目标

（1）能描述冲裁复合模具的基本结构、类型。

（2）能正确、熟练拆装冲裁复合模具。

 任务分析

拆装的冲裁复合模具结构示意图如图1-2-1所示，其三维结构如图1-2-2所示，该模具生产如图所示的工件，在冲裁工件时既冲孔又冲外形。

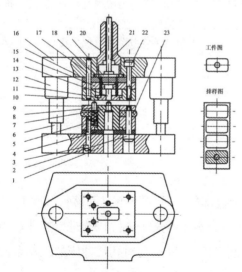

1-下模座；2-卸料螺钉；3,22-螺钉；4,15-垫板；5-凸凹模固定板；6-导柱；7-凸凹模；8-活动导料销；9-卸料板；10-落料凹模；11-推件板；12-导套；13-冲孔凸模；14-冲孔凸模固定板；16-上模座；17-销钉；18-推杆；19-推板；20-模柄；21-打杆；23-橡胶

图1-2-1 冲孔落料冲裁复合模

图1-2-2 冲孔落料冲裁复合模

一、模具结构分析

如图1-2-1所示,凸凹模7装在下模,落料凹模10和冲孔凸模13装在上模,为倒装式冲裁复合模,这副模具采用了由卸料板9、卸料螺钉2及橡胶23组成的弹性卸料装置。为了及时把卡在落料凹模10中的冲裁件推出,采用了由打杆21、推板19、推杆18及推件板11组成的推件装置。

二、模具基本零件

冲裁复合模的零件按用途可分为工艺零件和辅助零件两大类,冲裁复合模在工艺零件中增设了顶件装置和推件装置。图1-2-1所示冲裁复合模零件分类及作用见表1-2-1。

表1-2-1 冲裁复合模零件分类及作用

零件种类		零件名称及序号	零件作用
工艺零件	工作零件	冲孔凸模13、落料凹模10、凸凹模7	直接对坯料进行加工,完成坯料冲孔、落料分离
	定位零件	活动导料销8	确保坯料在模具中占有正确位置
	卸料、推件零件	卸料板9、打杆21、推板19、推杆18、推件板11	保证冲裁件与废料得以出模,实现正常冲压生产
辅助零件	导向零件	导柱6、导套12	保证工作时凸模与凹模保持准确位置
	支撑零件	上模座16,下模座1,模柄20,冲孔凸模固定板14,凸凹模固定板5,垫板4、15	支承、连接工件零件
	紧固及其他零件	螺钉3、22,销钉17,橡胶23	紧固各类模具零件的标准件,销钉起稳固定位作用,橡胶起辅助卸料的作用

三、模具工作原理

工作时,条料靠活动导料销8定位。上模部分下行,凸凹模7和落料凹模10进行落料,落下的料卡在落料凹模10中,同时冲孔凸模13与凸凹模7内孔进行冲孔。当卡在凸凹模7孔内的废料达到一定数量后,通过下模座1的漏料孔从冲床的工作台向下跌落。当上模回程到上极点时,由打杆21、推板19、推杆18及推件板11组成的推件装置将卡在落料凹模10内的冲裁件推出。

 **任务实施**

一、拆装准备

(1)模具准备。冲裁复合模具若干套。

(2)工具准备。领用并清点内六角扳手、平行铁、台虎钳、锤子、铜棒等拆装模具所用的工具,将工具摆放整齐。实训结束时,按照工具清单清点工具,交给指导教师验收。

(3)小组分工。同组人员对拆卸、观察、记录等工作可分工负责,协作完成。

(4)课前预习。熟悉实训要求,按要求预习、复习有关理论知识,详细阅读本教材相关知识,对实训报告所要求的内容在实训过程中做详细的记录。

二、拆装步骤

1.冲裁复合模(图1-2-1)的拆卸过程(表1-2-2)

表1-2-2 冲裁复合模的拆卸

步骤		操作内容	拆卸工具	注意事项
分模	1	分开上模部分与下模部分	铜棒	一手托住上模部分,一手用铜棒轻轻敲击下模底板
拆卸上模	2	上模置于钳工台上,打出销钉17	取销棒、钢锤	销钉有序摆放
	3	旋松内六角螺钉22,取下落料凹模10、推件板11、推杆18、冲孔凸模固定板14、垫板15、推板19、打杆21	内六角扳手	(1)拆卸时不可碰伤落料凹模及冲孔凸模工作表面 (2)落料凹模及冲孔凸模应放在专用盘内或单独存放 (3)所拆零件有序摆放
拆卸下模	4	下模置于钳工台上,旋松卸料螺钉2,取下卸料板9、橡胶23、活动导料销8	内六角扳手	所拆零件有序摆放
	5	打出销钉	取销棒、钢锤	销钉有序摆放
	6	下模置于钳工台上,旋出内六角螺钉3,取出凸凹模固定板5及垫板4	内六角扳手	螺钉有序摆放
	7	用铜棒从凸凹模固定板5中敲出凸凹模7	铜棒	(1)拆卸时不可碰伤凸凹模工作表面 (2)凸凹模应放在专用盘内或单独存放 (3)所拆零件有序摆放

（1）分开上模部分与下模部分，如图1-2-3所示。

（2）上模置于钳工台上，打出销钉，如图1-2-4所示。

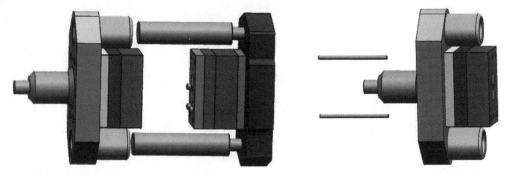

图1-2-3 分开上、下模 　　　　图1-2-4 拆卸上模销钉

（3）旋松内六角螺钉，取下落料凹模、推件板、推杆、冲孔凸模固定板、垫板、推板、打杆，如图1-2-5所示。

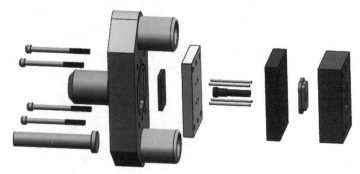

图1-2-5 拆开上模各零件

（4）下模置于钳工台上，旋松卸料螺钉，取下卸料板、橡胶、活动导料销，如图1-2-6所示。

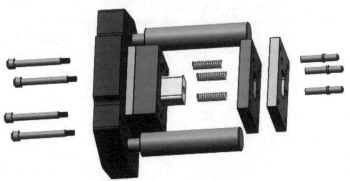

图1-2-6 拆卸下模卸料装置

（5）打出销钉，如图1-2-7所示。

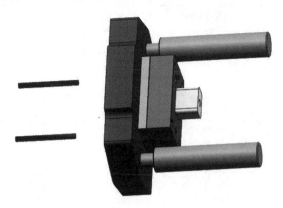

图1-2-7 拆卸下模销钉

（6）下模置于钳工台上，旋出内六角螺钉，取出凸凹模固定板及垫板，如图1-2-8所示。

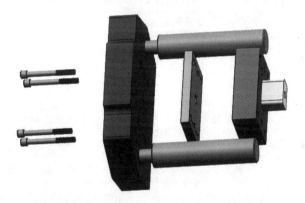

图1-2-8 拆下凸凹模固定板组件、垫板

（7）用铜棒从凸凹模固定板中敲出凸凹模，如图1-2-9所示。

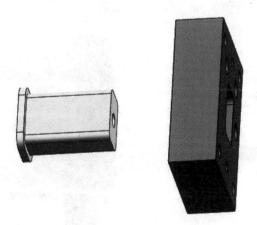

图1-2-9 拆卸凸凹模

2.冲裁复合模的装配过程(表1-2-3)

表1-2-3 冲裁复合模的装配

步骤		操作内容	装配工具	注意事项
装配下模(1)	1	用铜棒把凸凹模7敲入凸凹模固定板5中	铜棒	敲击时不可碰伤凸凹模工作表面
	2	将凸凹模固定板5、垫板4放在下模座1上,旋入(不旋紧)内六角螺钉3作为粗定位,敲入销钉,再旋紧内六角螺钉3	铜棒、内六角扳手	(1)清理销钉及销孔,无杂物 (2)紧固螺钉时应交叉、分步拧紧 (3)注意先打销子再装螺钉
装配上模	3	将上模座16倒置在钳工台虎钳上,放入推板19、垫板15、冲孔凸模固定板14、打杆21、推件板11、落料凹模10,左手用销钉17找到销孔,右手用铜棒敲入销钉17进行定位	铜棒	(1)清理销钉、打杆、销孔、打杆孔,无杂物 (2)安装时不可碰伤落料凹模及冲孔凸模工作表面 (3)安装后检查打杆、推件板滑动是否顺畅
	4	将内六角螺钉22旋入落料凹模10	内六角扳手	紧固螺钉时应交叉、分步拧紧
检查间隙	5	将铅丝置于工作零件刃口处,慢慢合上上、下模,合上后用铜棒敲击上模座,使上模刃口压入下模刃口,打开上、下模,取出铅丝,检查冲压后的铅丝厚度即为间隙	铜棒、铅丝	多检测几个位置,以检验间隙是否均匀
装配下模(2)	6	依次将橡胶23、活动导料销8、卸料板9放在凸凹模固定板5上,将卸料螺钉2旋入卸料板9的螺孔内并旋紧	内六角扳手	(1)调整卸料板的平面高出冲孔凸模平面0.5 mm左右 (2)调整卸料板的平面不要歪斜,一定要水平
合模	7	把上、下模部分合上	铜棒	轻轻敲击上模,防止砸伤手

(1)用铜棒把凸凹模敲入凸凹模固定板中,如图1-2-10所示。

(2)将凸凹模固定板、垫板放在下模座上,旋入(不旋紧)内六角螺钉作为粗定位,敲入销钉,再旋紧内六角螺钉,如图1-2-11所示。

图1-2-10 安装凸凹模

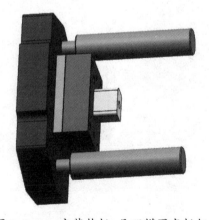

图1-2-11 安装垫板、凸凹模固定板组件

（3）将上模座倒置在钳工台虎钳上，放入推板、垫板、冲孔凸模固定板、打杆、推件板、落料凹模，左手用销钉找到销孔，右手用铜棒敲入销钉进行定位，如图1-2-12所示。

（4）将内六角螺钉旋入落料凹模，如图1-2-13所示。

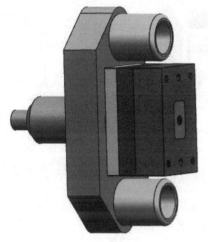 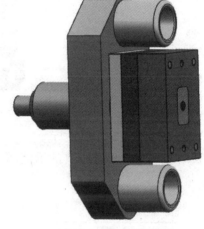

图1-2-12 合上上模各零件，打入销钉　　　　　图1-2-13 紧固上模

（5）将铅丝置于工作零件刃口处，慢慢合上上模、下模，合上后用铜棒敲击上模座，使上模刃口压入下模刃口，打开上、下模，取出铅丝，检查冲压后的铅丝厚度即为间隙，如图1-2-14所示。

（6）依次将橡胶、活动导料销、卸料板放在凸凹模固定板上，将卸料螺钉旋入卸料板的螺孔内并旋紧，如图1-2-15所示。

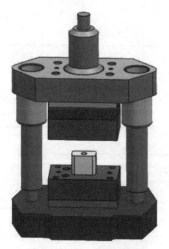 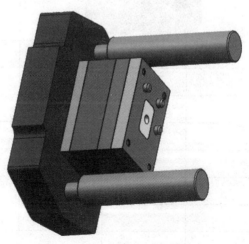

图1-2-14 验证间隙　　　　　图1-2-15 安装下模卸料装置

(7)把上、下模部分合上,如图1-2-16所示。

图1-2-16 合模

3.填写模具拆装工艺卡片

通过指导教师拆装模具的示范,熟练掌握模具拆装的步骤并填写模具拆装工艺卡片,见表1-2-4。

表1-2-4 模具拆装工艺卡片

XX学校		模具拆装工艺卡片	
模具名称		冲裁复合模具	
模具图号			
装配图号			

工序号	工序名称	工步号	工步内容	工具	夹具

相关知识

冲裁复合模的类型

在压力机的一次冲压行程中,在同一工位上完成两个或两个以上冲裁工步的模具,称为冲裁复合模。

利用冲裁复合模可生产内、外形状复杂的平板冲裁件,可在同一工位上同时冲裁,不受送料误差、重复定位及送料方式等因素影响,冲件精度高,通常可达IT10级,甚至IT9级,冲裁件互换性好。按结构形式不同,冲裁复合模主要分为以下两种类型:

1. 倒装冲裁复合模(图1-2-17)

落料凹模装在上模的复合模具,称为倒装复合模。

采用刚性推件的倒装复合模,板料不是处于被压紧的状态冲裁,因而平直度不高。这种结构适合于冲裁较硬的或厚度大于0.3 mm的板料。由于凸凹模内有积存废料,胀力较大,当凸凹模壁厚较薄时,可能导致凸凹模胀裂,故不能冲压孔边距离较小的冲裁件。

2. 顺装冲裁复合模(图1-2-18)

落料凹模装在下模的复合模具,称为顺装复合模。

顺装复合模工作时,板料处于被压紧的状态冲裁,冲出的制件平直度较高。这种结构适合于冲裁较软的或厚度较薄的板料,还可以冲压孔边距离较小的冲裁件。但冲孔废料落在下模工作表面上,清除麻烦,影响生产效率。

图1-2-17 倒装冲裁复合模

图1-2-18 顺装冲裁复合模

 **任务评价**

　　学生分组进行拆装,指导教师巡视学生拆装模具的全过程,发现拆装过程中不规范的姿势及方法要及时予以纠正,完成任务后及时按表1-2-5的要求进行评价。

表1-2-5 拆装复合冲裁模具评价表

评价内容	评价标准	分值	学生自评	教师评估
任务准备	是否准备充分(酌情)	5分		
任务过程	操作过程规范;做好编号及标记;拆装顺序合理;工具及零件、模具摆放规范;操作时间合理	55分		
任务结果	拆装正确;工具、模具零件无损伤;能及时上交作业	20分		
出勤情况	无迟到、早退、旷课	10分		
情感评价	服从组长安排,积极参与,与同学分工协作;遵守安全操作规程;保持工作现场整洁	10分		
学习体会:				

任务三 拆装弯曲模具

 任务目标

(1)能描述弯曲模具的基本结构、类型。

(2)能正确、熟练拆装弯曲模具。

 **任务分析**

拆装的弯曲模具结构示意图及三维结构如图1-3-1所示,这套模具用来冲压中间有一圆孔的"U"形弯曲工件。

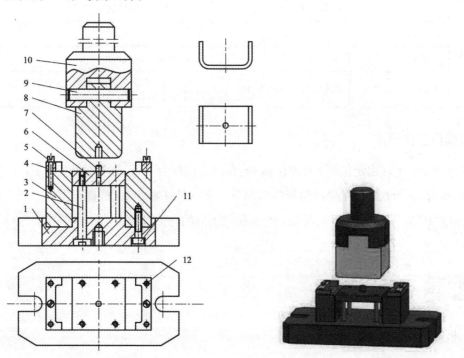

1-下模座;2-卸料螺钉;3-凹模;4-定位板;5,11-螺钉;6-顶板;7-定位销;8-凸模;9,12-销钉;
10-模柄

图1-3-1 "U"形件弯曲模具

一、模具结构分析

如图1-3-1所示为"U"形件弯曲模具,该模具无导向装置,结构简单,但生产时调整模具间隙较麻烦。利用工件上工艺孔对毛坯进行定位,即使"U"形件两直边高度不同,也能保证弯边高度尺寸。在凹模内设置有反顶板,反顶力来自下模座底部的通用弹顶装置,弯曲时保证工件底部受较大的反顶力,因此工件底部能保持平整。

二、模具基本零件

弯曲模的零件按用途可分为工艺零件和辅助零件两大类。图1-3-1所示弯曲模零件分类及作用见表1-3-1。

表1-3-1 弯曲模零件分类及作用

零件种类		零件名称及序号	零件作用
工艺零件	工作零件	凹模3、凸模8	直接对坯料进行加工,完成坯料弯曲成形
	定位零件	定位板4、定位销7	确保坯料在模具中占有正确位置
	卸料、顶件零件	卸料螺钉2、顶板6	保证工件得以出模,实现正常冲压生产
辅助零件	导向零件	无	无
	支撑零件	下模座1、模柄10	支承、连接工件零件
	紧固及其他零件	螺钉5、11、销钉9、12	螺钉是紧固各类模具零件的标准件,销钉起稳固定位作用

三、模具工作原理

工作时,毛坯由定位销7及定位板4定位。上模部分下行,坯料被凸模8压入凹模3进行压弯,顶板6此时在弹顶装置的作用下一直压紧坯料并下行,直至压到下死点,坯料压成"U"形。当上模上行,顶板6把卡在凹模内的弯曲件顶出。

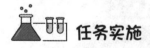 任务实施

一、拆装准备

(1)模具准备。"U"形弯曲模具若干套。

(2)工具准备。领用并清点内六角扳手、平行铁、台虎钳、锤子、铜棒等拆装模具所用的工具,将工具摆放整齐。实训结束时按照工具清单清点工具,交给指导教师验收。

（3）小组分工。同组人员对拆卸、观察、记录等工作可分工负责,协作完成。

（4）课前预习。熟悉实训要求,按要求预习、复习有关理论知识,详细阅读本教材相关知识,对实训报告所要求的内容在实训过程中做详细的记录。

二、拆装步骤

1. 弯曲模(图1-3-1)的拆卸过程(表1-3-2)

表1-3-2 弯曲模的拆卸

步骤		操作内容	拆卸工具	注意事项
拆卸上模	1	上模置于钳工台虎钳上,打出销钉9	取销棒、钢锤	(1)上模夹稳,防止敲击时跌落 (2)不得损伤凸模工作表面
	2	用铜棒敲出凸模8,分开凸模8和模柄10	铜棒	(1)不得损伤凸模工作表面 (2)各零件有序摆放
拆卸下模	3	下模置于钳工台上,旋出卸料螺钉2,取出顶板6	内六角扳手	卸料螺钉等零件有序摆放
	4	下模置于钳工台上,打出销钉12	取销棒、钢锤	销钉有序摆放
	5	旋出"一"字槽螺钉5,取下定位板4	"一"字槽螺丝刀	螺钉有序摆放
	6	下模置于钳工台上,旋出内六角螺钉11,分开凹模3与下模座1	内六角扳手、铜棒	不得损伤凹模工作表面

（1）上模置于钳工台虎钳上,打出销钉,如图1-3-2所示。

（2）用铜棒敲出凸模,分开凸模和模柄,如图1-3-3所示。

图1-3-2 拆卸上模销钉

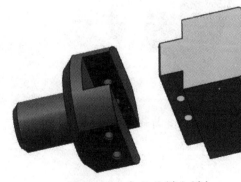

图1-3-3 分开凸模和模柄

（3）下模置于钳工台上，旋出卸料螺钉，取出顶板，如图1-3-4所示。

（4）下模置于钳工台上，打出销钉，如图1-3-5所示。

（5）旋出"一"字槽螺钉，取下定位板，如图1-3-6所示。

（6）下模置于钳工台上，旋出内六角螺钉，分开凹模与下模座，如图1-3-7所示。

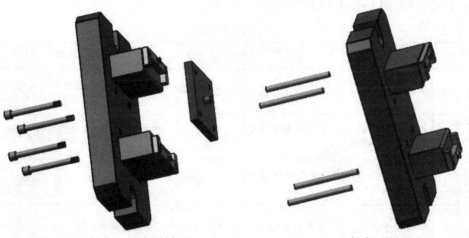

图1-3-4 拆卸下模卸料装置　　　　　图1-3-5 拆卸下模销钉

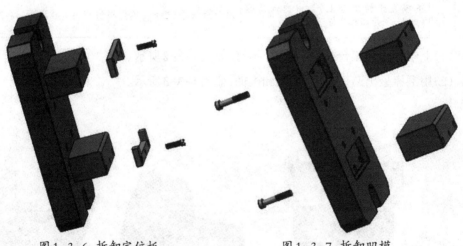

图1-3-6 拆卸定位板　　　　　图1-3-7 拆卸凹模

2.弯曲模的装配过程(表1-3-3)

表1-3-3 弯曲模的装配

步骤		操作内容	装配工具	注意事项
装配下模	1	将凹模3敲入下模座1,将定位板4放在凹模3上,敲入销钉12	铜棒	(1)装配时不可碰伤凹模工作表面 (2)清理销钉及销孔,无杂物
	2	将"一"字槽螺钉5旋入凹模3,旋紧内六角螺钉11	"一"字槽螺丝刀、内六角扳手	紧固螺钉时应交叉、分步拧紧
	3	将顶板放入凹模3内,旋紧卸料螺钉2	内六角扳手	(1)调整顶板的平面高出凹模平面0.5 mm左右 (2)调整顶板的平面不要歪斜,一定要水平
装配上模	4	将凸模8用铜棒敲入模柄10槽内	铜棒	装配时不可碰伤凸模工作表面
	5	敲入销钉9	铜棒	清理销钉及销孔,无杂物
合模	6	把上、下模合上	无	放置稳当,防止跌落

(1)将凹模敲入下模座,将定位板放在凹模上,敲入销钉,如图1-3-8所示。

(2)将"一"字槽螺钉旋入凹模,旋紧内六角螺钉,如图1-3-9所示。

图1-3-8 打入下模销钉、安装凹模及定位板

图1-3-9 紧固定位板

(3)将顶板放入凹模内,旋紧卸料螺钉,如图1-3-10所示。

(4)将凸模用铜棒敲入模柄槽内,如图1-3-11所示。

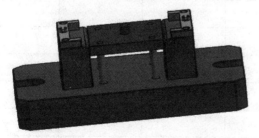

图1-3-10 安装下模卸料装置

图1-3-11 合上凸模与模柄

(5)敲入销钉,如图1-3-12所示。

(6)把上、下模合上,如图1-3-13所示。

图1-3-12 安装上模销钉

图1-3-13 合模

3.填写模具拆装工艺卡片

通过指导教师拆装模具的示范,熟练掌握模具拆装的步骤并填写模具拆装工艺卡片,见表1-3-4。

表1-3-4 模具拆装工艺卡片

XX学校	模具拆装工艺卡片
模具名称	弯曲模具
模具图号	
装配图号	

工序号	工序名称	工步号	工步内容	工具	夹具

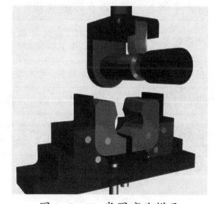

相关知识

一、弯曲模具的类型

在压力机上利用模具将板料、型材、管材或棒料按设计要求压弯成具有一定角度和一定曲率的零件的冲压工序,称为弯曲。弯曲所使用的模具称为弯曲模具。

按弯曲件形状不同,弯曲模具主要分为以下几类:

(1)"V"形件弯曲模具(图1-3-14)。

(2)"U"形件弯曲模具(图1-3-15)。

(3)"Z"形件弯曲模具(图1-3-16)。

(4)卷圆弯曲模具(图1-3-17)。

图1-3-14 "V"形件弯曲模具

图1-3-15 "U"形件弯曲模具

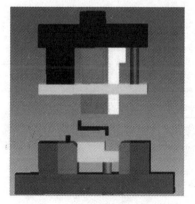

图1-3-16 "Z"形件弯曲模具

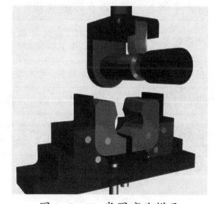

图1-3-17 卷圆弯曲模具

二、拆装弯曲模具注意事项

（1）在拆装弯曲模具时，除了注意与拆装冲裁模相同的事项外，由于弯曲模具基本是敞开式的，需要注意基准的方向。

（2）弯曲模具下模座下方如有弹性顶件装置（图1-3-18），应先将其拆卸后，再拆卸上、下模部分。在装配时，应最后安装弹性顶件装置。

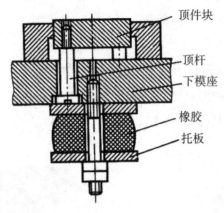

顶件块

顶杆

下模座

橡胶

托板

图1-3-18 弹性顶件装置

任务评价

学生分组进行拆装，指导教师巡视学生拆装模具的全过程，发现拆装过程中不规范的姿势及方法要及时予以纠正，完成任务后及时按表1-3-5的要求进行评价。

表1-3-5 拆装弯曲模具评价表

评价内容	评价标准	分值	学生自评	教师评估
任务准备	是否准备充分（酌情）	5分		
任务过程	操作过程规范；做好编号及标记；拆装顺序合理；工具及零件、模具摆放规范；操作时间合理	55分		
任务结果	拆装正确；工具、模具零件无损伤；能及时上交作业	20分		
出勤情况	无迟到、早退、旷课	10分		
情感评价	服从组长安排，积极参与，与同学分工协作；遵守安全操作规程；保持工作现场整洁	10分		
学习体会：				

任务四 测绘冷冲压模具

 任务目标

(1)会测量冷冲压模具。

(2)会绘制冷冲压模具零件图。

(3)会绘制冷冲压模具装配图。

 **任务分析**

冷冲压模具测绘是在冲压模具拆卸之后进行的,通过拆卸模具认识模具结构、模具零部件的功能及相互间的配合关系,分析零件形状并测量零件,在手工绘制冲压模具结构草图、零件草图的基础上,绘制出冷冲压模具的装配图、零件图,掌握冷冲压模具测绘方法。现以图1-4-1垫片冲裁复合模为例讲解冷冲压模具的测绘过程。

图1-4-1 垫片冲裁复合模

 任务实施

一、任务准备

(1)小组分工。同组人员对测量、记录等工作可分工负责,绘图工作需协作完成。

(2)工具准备。领用并清点测量工具,将工具摆放整齐。任务完成后按照工具清单清点工具,交给指导教师验收。

(3)课前预习。熟悉任务要求,按要求预习、复习有关理论知识,在指导老师讲解过程中,做好详细的记录,在执行任务时带齐绘图仪器和纸张。

二、测绘步骤

1.绘制模具结构简图(图1-4-2)

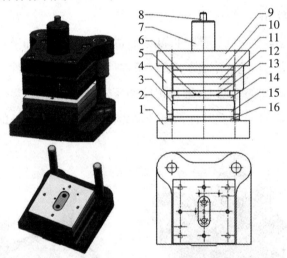

图1-4-2 垫片冲裁复合模及其结构简图

2.拆卸垫片冲裁复合模

拆卸零件前要研究拆卸方法和拆卸顺序,不可拆的部分要尽量不拆,不能采用破坏性拆卸方法。拆卸前,要测量一些重要尺寸,如运动部件的极限位置和装配间隙等。

拆卸如图1-4-1所示的垫片冲裁复合模,其具体步骤及要求参考项目一任务二。

3.测绘模具零件草图及零件工作图

对所有非标准零件,均要绘制零件草图及零件工作图。零件草图应包括零件图的所有内容,然后根据模具零件草图绘制模具零件工作图。如图1-4-3所示垫片冲裁复合模落料凹模零件,其草图及零件工作图测绘步骤见表1-4-1。

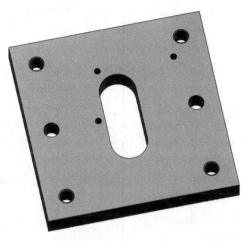

图1-4-3 落料凹模

表1-4-1 落料凹模零件图测绘步骤

步骤	内容
1	零件结构、形状及工艺分析
2	拟定零件表达方案,确定主视图
3	图纸布局,考虑标注尺寸、图框、标题栏的位置,画出各视图的中心线、对称线及主要基准线
4	画出主要结构轮廓,零件每个组成部分的各视图按投影关系同时画出
5	画出零件的次要部分的细节及剖切线位置,并在对应视图上画出剖切线
6	选择尺寸基准,正确、完整、清晰、合理地标出全部尺寸
7	标注尺寸公差、几何公差、表面粗糙度,拟定其他技术要求,填写标题栏

(1)零件结构、形状及工艺分析。图1-4-3所示落料凹模的形体特征为长方体,正中间有一圆形凹模型孔,型孔旁边有三个$\Phi 4$的挡料销孔,板四角对称分布有四个M10的螺纹孔,两边对称分布有两个$\Phi 10$的销孔。

(2)拟定零件表达方案,确定主视图,如图1-4-4所示。

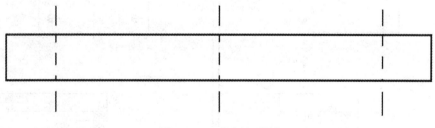

图1-4-4 确定主视图

（3）图纸布局，考虑标注尺寸、图框、标题栏的位置，画出各视图的中心线、对称线及主要基准线，如图1-4-5所示。

（4）画出主要结构轮廓，零件每个组成部分的各视图按投影关系同时画出，如图1-4-6所示。

（5）画出零件的次要部分的细节及剖切线位置，并在对应视图上画出剖切线，如图1-4-7所示。

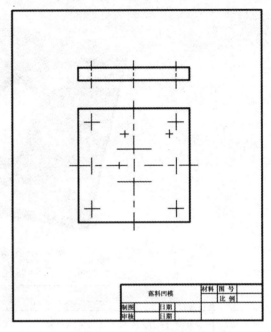

图1-4-5 图纸布局

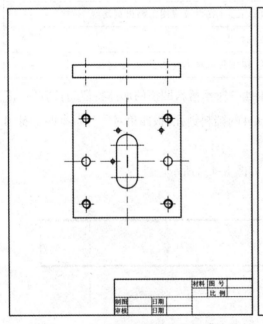

图1-4-6 画零件主要结构轮廓

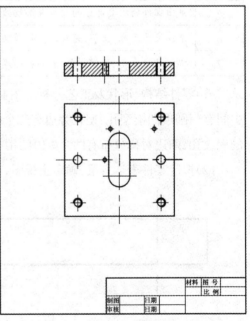

图1-4-7 剖切视图，画剖切线

（6）选择尺寸基准,正确、完整、清晰、合理地标出全部尺寸,如图1-4-8所示。

（7）标注尺寸公差、几何公差、表面粗糙度,拟定其他技术要求,填写标题栏,如图1-4-9所示。

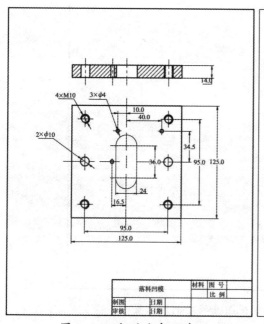

图1-4-8 标注全部尺寸　　　　图1-4-9 标注公差及技术要求

4.绘制模具正规总装图

如图1-4-1所示垫片冲裁复合模,根据模具零件工作图及模具结构简图绘制模具正规总装图,其装配图绘制步骤见表1-4-2。

表1-4-2 垫片冲裁复合模装配图绘制步骤

步骤	内　　容
1	考虑图面总体布局,绘制模具俯视图并按俯视图确定剖切位置
2	按剖切位置对应关系绘制出模具主视图
3	绘制装配图中的标准件(螺钉、销钉等),并画上剖面线
4	在主视图上绘制出各类零件的指引线并标上序号
5	在标题栏上绘制明细栏并按序号标上各类零件名称,完成标题栏及明细栏的填写
6	在主视图旁绘制冲裁件工件图(总装图的右上方)
7	绘制冲裁件排样图,如无排样图则画毛坯图
8	在图纸右下方适当位置写出技术要求

注:零件图及装配图各步骤的绘制要求见本任务"相关知识"部分。

（1）考虑图面总体布局，绘制模具俯视图并按俯视图确定剖切位置，如图1-4-10所示。

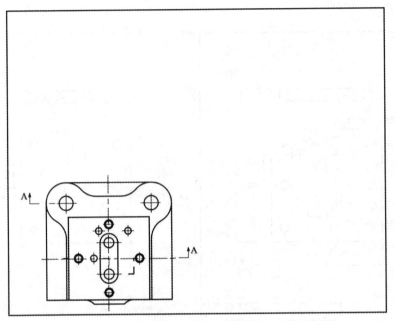

图1-4-10 绘制模具俯视图并确定剖切位置

（2）按剖切位置对应关系绘制出模具主视图，如图1-4-11所示。

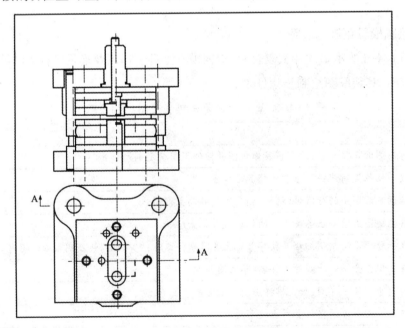

图1-4-11 绘制模具主视图

（3）绘制装配图中的标准件(螺钉、销钉等)，并画上剖面线，如图1-4-12所示。

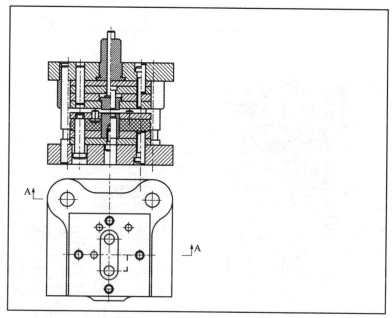

图1-4-12 绘制装配图中的标准件及剖面线

（4）在主视图上绘制出各类零件的指引线并标上序号，如图1-4-13所示。

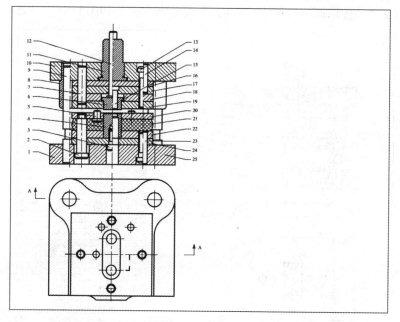

图1-4-13 绘制出各类零件的指引线并标上序号

（5）在标题栏上绘制明细栏并按序号标上各类零件名称，完成标题栏及明细栏的填写，如图1-4-14所示。

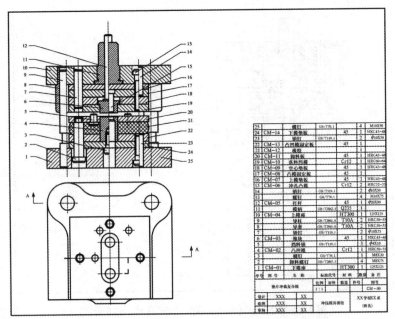

25		螺钉	GB/T70.1		4	M10X50
24	CM-14	下模垫板		45	1	HRC43~48
23		销钉	GB/T119.1		2	φ10X50
22	CM-13	凸凹模固定板		45	1	
21	CM-12	橡胶			1	
20	CM-11	卸料板		45	1	HRC43~48
19	CM-10	落料凹模		Cr12	1	HRC60~64
18	CM-09	空心垫板		45	1	HRC43~48
17	CM-08	凸模固定板		45	1	
16	CM-07	上模垫板		45	1	HRC43~48
15	CM-06	冲孔凸模		Cr12	1	HRC32~55
14		销钉	GB/T119.1		4	φ10X50
13		螺钉	GB/T70.1		4	M10X75
12	CM-05	打杆		45	1	φ20X90
11		模柄	GB/T2862.3	Q235	1	
10	CM-04	上模座		HT300	1	125X125
9		导柱	GB/T2861.6	T10A	2	HRC50~55
8		导套	GB/T2861.6	T10A	2	HRC50~55
7		销钉	GB/T119.1		2	φ10X75
6	CM-03	推块		45	1	HRC43~48
5		挡料销	GB/T119.1		3	φ4X10
4	CM-02	凸凹模		Cr12	1	HRC50~55
3		螺钉	GB/T70.1		2	M8X30
2		卸料螺钉	GB/T2867.5		4	M8X75
1	CM-01	下模座		HT300	1	125X125
序号	图号	名 称	标准代号	材料	数量	备 注

垫片冲裁复合模		比例	材料	数量	件号	图号
		1:1				CM-00
设计	XXX	XX				
绘图	XXX	XX		冲压模具测绘		XX学校XX系
审核	XXX	XX				(班名)

图1-4-14 绘制明细表，并填写标题栏、明细栏

（6）在主视图旁绘制冲裁件工件图（总装图的右上方），如图1-4-15所示。

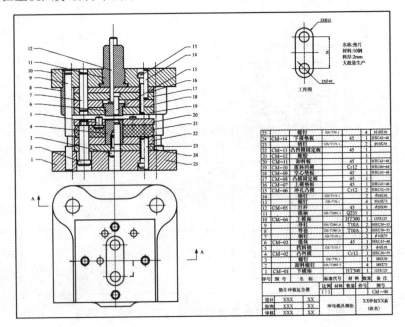

名称:垫片
材料:10钢
料厚:2mm
大批量生产

工件图

25		螺钉	GB/T70.1		4	M10X50
24	CM-14	下模垫板		45	1	HRC43~48
23		销钉	GB/T119.1		2	φ10X50
22	CM-13	凸凹模固定板		45	1	
21	CM-12	橡胶			1	
20	CM-11	卸料板		45	1	HRC43~48
19	CM-10	落料凹模		Cr12	1	HRC60~64
18	CM-09	空心垫板		45	1	HRC43~48
17	CM-08	凸模固定板		45	1	
16	CM-07	上模垫板		45	1	HRC43~48
15	CM-06	冲孔凸模		Cr12	1	HRC32~55
14		销钉	GB/T119.1		4	φ10X50
13		螺钉	GB/T70.1		4	M10X75
12	CM-05	打杆		45	1	φ20X90
11		模柄	GB/T2862.3	Q235	1	
10	CM-04	上模座		HT300	1	125X125
9		导柱	GB/T2861.6	T10A	2	HRC50~55
8		导套	GB/T2861.6	T10A	2	HRC50~55
7		销钉	GB/T119.1		2	φ10X75
6	CM-03	推块		45	1	HRC43~48
5		挡料销	GB/T119.1		3	φ4X10
4	CM-02	凸凹模		Cr12	1	HRC50~55
3		螺钉	GB/T70.1		2	M8X30
2		卸料螺钉	GB/T2867.5		4	M8X75
1	CM-01	下模座		HT300	1	125X125
序号	图号	名 称	标准代号	材料	数量	备 注

垫片冲裁复合模		比例	材料	数量	件号	图号
		1:1				CM-00
设计	XXX	XX				
绘图	XXX	XX		冲压模具测绘		XX学校XX系
审核	XXX	XX				(班名)

图1-4-15 绘制冲裁件工件图

（7）绘制冲裁件排样图，如无排样图则画毛坯图，如图1-4-16所示。

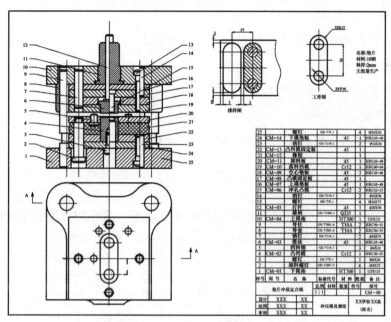

图1-4-16 绘制冲裁件排样图

（8）在图纸右下方适当位置写出技术要求，如图1-4-17所示。

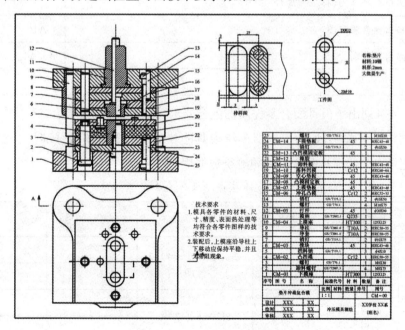

图1-4-17 写出技术要求

5. 学生分组完成测绘任务

(1)绘图量的要求。

①装配草图和示意图(不上交),填写表1-4-4(上交)。

②装配图:1张(上交)。

③零件图:2张以上(上交)。

(2)绘图要求。

①对从典型冲压模具中拆下的凸模、凹模等工作零件进行测绘。

②要求测量基本尺寸。

(3)技术要求。

尺寸公差、几何公差、表面粗糙度、材料、热处理等可参照同类型的生产图样或有关手册进行类比确定。

(4)测绘时间分配(表1-4-3)。

表1-4-3 测绘时间分配表

序号	内容	图纸	时间/天
1	布置测绘任务,分发绘图仪器,学习测绘注意事项,拆卸零部件		1.0
2	画出全部草图(标准件除外)		1.5
3	画出模具装配图	A1	2.0
4	画出零件图	A3/A4	0.5
合计			5

表1-4-4列出了模具配合零件间的配合要求,测绘者可根据测绘过程中的实感及实测数据填写有关栏目,为完成所测绘模具的装配图及零件图做好准备。表中所留空行供记录未列的模具配合零件的测绘数据用。

表1-4-4 冷冲压模具零件配合关系测绘表

序号	相关配合零件	配合松紧程度	配合要求	配合尺寸测量值	配合尺寸调整值
1	凸模与凹模		凸模实体小于凹模洞口间隙		
2	凸模与凸模固定板		H7/m6、H7/n6		

续表

序号	相关配合零件	配合松紧程度	配合要求	配合尺寸测量值	配合尺寸调整值
3	上模座与模柄		H7/r6、H7/s6		
4	导柱与导套		H6/h5、H7/h6		
5	卸料板与凸模		卸料板孔大于凸模实体0.2~0.6 mm		
6	销钉与待定位模板		H7/m6、H7/n6		

 **相关知识**

一、模具测绘要求

(1)投影正确,视图选择和配置适当。

(2)尺寸标注正确、完整、清晰、基本合理、字迹工整。

(3)图面整洁、图线分明、图样画法符合机械制图国家标准。

(4)技术要求(尺寸公差、形位公差、表面粗糙度、材料、热处理等)可参照同类型的生产图样或有关手册进行类比确定。

(5)正确地使用测绘工具,计算出有关尺寸,画出零件草图,编写技术要求,绘制正规零件图。

(6)能按模具装配图规范,绘制完整的装配图。

为了便于保存和携带,画好的图纸应按国标A4图纸幅面尺寸210 mm×297 mm折叠。装订好后连同草图一起装入资料袋内。

二、模具测绘的方法与步骤

模具测绘在模具拆装之后进行。通过模具测绘有助于进一步认识模具零件,了解模具相关零件之间的装配关系。

模具测绘最终要完成所拆卸模具的装配图和重要零件图的测绘。由于模具测绘

时主要采用游标卡尺与直尺等普通测量工具,而且,原先的模具经过拆装后其精度要降低,由此产生的测量误差相应较大,因此需要对测量结果按技术资料上的理论数据进行必要的圆整。只有用圆整后的数据来绘制模具装配图,才能较好地反映模具结构的实际情况。

模具测绘可按下列步骤进行:

(1)模具拆装之前,勾画本模具的总装结构草图,经指导教师认可后,再画正式的总装配图。

(2)对照实样,勾画各模具零件的结构草图。绘图时,先画工作零件,再画其他各部分零件。

(3)选择基准,设计各模具零件的尺寸标注方案。对于相关零件的相关尺寸,建议用彩笔标出,以便测量时引起重视。

(4)根据设计好的尺寸标注方案,测量所需尺寸数据,并做好记录。在查阅有关技术资料的基础上,进行尺寸数据的圆整工作。

(5)完成所拆卸模具的装配图。

(6)根据指导教师的具体要求,完成重要模具零件的工作图。

三、绘制模具零件草图的要求

零件草图是绘制零件工作图的重要依据,不是"草率的图"。绘制零件草图不使用绘图工具,而是目测比例,徒手绘制,线型应正确,图线应清晰,字体应工整,目测误差应尽量小,标注尺寸应完整、正确。零件草图的内容与零件工作图基本一样,区别只在于它是徒手绘制的。

四、模具零件图绘制要点

1.模具零件图绘制要求(表1-4-5)

表1-4-5 模具零件图绘制要求

项目	要求
正确而充分的视图	(1)零件图的方位应尽量按其在总装配图中的方位画出,不要任意旋转和颠倒,但轴类零件按加工位置(一般轴心线为水平)布置 (2)所选的视图应充分而准确地表示出零件内部和外部的结构、形状和尺寸大小,而且视图及剖视图等的数量应为最少

项目	要求
尺寸标注方法	零件图中的尺寸是制造和检验零件的依据,故应慎重细致地标注。尺寸既要完备,同时又不重复。在标注尺寸前,应研究零件的工艺过程,正确选定尺寸的基准面,以利于加工和检验 (1)尺寸的布置方法。合理地利用零件图形周围的空白布置尺寸,条理分明、方便别人读图。尺寸布置还要求其他相关零件图相关尺寸的布置位置尽量一致 (2)尺寸标注的思路。要正确标注尺寸,就要把握尺寸标注的"思路"。要求绘制所有零件图的图形而先不标注任何尺寸,这样在标注尺寸时能够统筹兼顾,用一种正确的"思路"来正确地标注尺寸 ①标注工作零件的刃口尺寸 ②标注相关零件的相关尺寸 ③补全其他尺寸及技术条件
标注加工公差及表面粗糙度	(1)所有配合尺寸或精度要求较高的尺寸都应标注公差(包括表面形状及位置公差)。未注尺寸公差按IT14级制造。模具的工作零件(如凸模、凹模和凸凹模)的工作部分尺寸按计算值标注。冲模零件的配合要求见表1-4-6 (2)所有的加工表面都应注明表面粗糙度要求。冲模零件表面粗糙度要求见表1-4-7
技术要求	凡是图样或符号不便于表示,而在制造时又必须保证的条件和要求都应注明在技术要求中。主要应注明: (1)对材质的要求,如热处理方法及热处理表面应达到的硬度等 (2)表面处理,表面涂层以及表面修饰(如锐边倒钝、清砂)等要求 (3)未注倒圆半径的说明,个别部位的修饰加工要求 (4)其他特殊要求

2.冲模零件的配合要求(表1-4-6)

表1-4-6 冲模零件的配合要求

零件名称	配合要求
导柱与下模座	H7/r6
导套与上模座	H7/r6
导柱与导套	H7/h6、H7/f6、H6/h5
模柄与上模座	H9/h9、H9/h8
凸模与凸模固定板	H7/m6、H7/k6
凸模与上、下模板(镶入式)	H7/h6
固定挡料销与凹模	H7/n6、H7/m6
活动挡料销与卸料板	H9/h9、H9/h8
圆柱销与固定板、上下模板等	H7/n6
螺钉与螺杆孔	单边间隙0.5~1.0 mm
卸料板与凸模(凸凹模)	单边间隙0.5~1.0 mm
顶件板与凹模	单边间隙0.5~1.0 mm
推杆与模柄	单边间隙0.5~1.0 mm
推件板与凹模	单边间隙0.5~1.0 mm
推销与凸模固定板	单边间隙0.2~0.5 mm

3. 冲模零件表面粗糙度要求

模具零件的表面粗糙度值的选用既要满足零件表面的功能要求,又要考虑经济合理性。在具体选用时,可参照生产中的实例,用类比法确定。也可按表1-4-7所示的参考值确定。

标注粗糙度时,在同一图样上每个表面一般只标注一次,并尽可能标注在具有确定该表面大小或位置尺寸的视图上;表面特征符号应标注在可见轮廓线、尺寸线或延长线上,当零件所有表面都具有相同的特征时,其符号可在图样的右上角统一标注。零件上的连续表面及孔、槽等重复要素的表面标注一次即可。

表1-4-7 冲模零件表面粗糙度要求

表面质量Ra值/μm	适用范围
0.2～0.4	抛光成形面及平面
0.4～0.8	(1)弯曲、拉深、成形的凸凹模工作表面 (2)圆柱表面和平面的刃口 (3)滑动和精确导向的表面
0.8～1.6	(1)成形的凸模和凹模刃口 (2)凸模、凹模镶块的接合面 (3)静配和过渡配合的表面 (4)支承定位和紧固表面 (5)磨削加工基准平面 (6)要求准确的工艺基准表面
1.6～3.2	内孔表面、底板平面
3.2	(1)磨削加工的支承、定位和紧固表面 (2)底板平面
6.3～12.5	不与冲压零件和冲模零件接触的表面
25	不重要表面

4. 冲模零件材料的正确选用

在选择模具零件材料时,应该在能够满足性能要求和产品质量的前提下,尽可能选择价格低廉的材料,从而达到降低材料成本和加工成本的目的。

(1)冲压模具工作零件材料的选用(表1-4-8)。

表1-4-8 冲模工作零件的常用材料及热处理要求

模具类型		零件名称及使用条件	材料牌号	热处理硬度/HRC	
				凸模	凹模
冲裁模	1	冲裁料厚 $t \leqslant 3$ mm,形状简单的凸模、凹模和凸凹模	T8A,T10A,9Mn2V	58~62	60~64
	2	冲裁料厚 $t \leqslant 3$ mm,形状复杂或冲裁料厚 $t > 3$ mm 的凸模、凹模和凸凹模	CrWMn,Cr6WV,9Mn2V,Cr12,Cr12MoV,GCr15	58~62	62~64
	3	要求高度耐磨的凸模、凹模和凸凹模,或生产量大,要求特长寿命的凸模、凹模	W18Cr4V,120Cr4W2MoV	60~62	61~63
			65Cr4Mo3W2VNb(65Nb)	56~58	58~60
			YG15,YG20		
	4	材料加热冲裁时的凸模、凹模	3Cr2W8,5CrNiMo,5CrMnMo	48~52	
			6Cr4Mo3Ni2WV(CG-2)	51~53	
弯曲模	1	一般弯曲用的凸模、凹模及镶块	T8A,T10A,9Mn2V	56~60	
	2	要求高度耐磨的凸模、凹模及镶块;形状复杂的凸模、凹模及镶块;生产批量特大的凸模、凹模及镶块	CrWMn,Cr6WV,Cr12,Cr12MoV,GCr15	60~64	
	3	材料加热弯曲时的凸模、凹模及镶块	5CrNiMo,5CrMnMo,5CrNiTi	52~56	
拉伸模	1	一般拉伸用的凸模、凹模	T8A,T10A,9Mn2V	58~62	60~64
	2	要求耐磨的凸模、凹模和凸凹模,或生产量大,要求特长寿命的凸模、凹模	Cr12,Cr12MoV,GCr15	60~62	62~64
			YG15,YG8		
	3	材料加热拉伸时的凸模、凹模	5CrNiMo,5CrNiTi	52~56	

(2)冲压模具一般零件材料的选用(表1-4-9)。

表1-4-9 冲模一般零件的常用材料及热处理要求

零件名称	使用情况	材料牌号	热处理硬度/HRC
上、下模板(座)	一般负荷	HT200,HT250	
	负荷较大	HT250,Q235	
	负荷较大,受高速冲击	45	
	用于滚动式导柱模架	QT400-18,ZG310-570	
	用于大型模具	HT250,ZG310-570	
模柄	压入式、旋入式和凸缘式	Q235	
	浮动式模柄及球面垫块	45	43～48
导柱、导套	大量生产	20	58～62(渗碳)
	单件生产	T10A,9Mn2V	56～60
	用于滚动配合	Cr12,GCr15	62～64
垫块	一般用途	45	43～48
	单位压力大	T8A,9Mn2V	52～56
推板、顶板	一般用途	Q235	
	重要用途	45	43～48
推杆、顶杆	一般用途	45	43～48
	重要用途	Cr6WV,CrWMn	56～60
导正销	一般用途	T10A,9Mn2V	56～62
	高耐磨	Cr12MoV	60～62
固定板、卸料板		Q235,45	
定位板		45	43～48
		T8	52～56
导料板		45	43～48
托料板		Q235	
挡料销、定位销		45	43～48
废料切刀		T10A,9Mn2V	56～60
定距侧刃		T8A,T10A,9Mn2V	56～60
侧压板		45	43～48
侧刃挡块		T8A	54～58
拉深模压边圈		T8A	54～58
斜楔、滑块		T8A,T10A	58～62
限位圈		45	43～48
弹簧		65Mn,60SiMnV	40～48

五、模具装配图绘制要点

1.模具装配图的绘制要求(表1-4-10)

表1-4-10 模具装配图的绘制要求

项目	要求
布置图面及选定比例	(1)遵守国家标准机械制图中图纸幅面和格式的规定(GB/T 14689-2008) (2)尽量以1:1的比例绘图,必要时按机械制图要求的比例缩放,但尺寸按实际尺寸标注
模具配图的布置	 (a)冲压模具总装配图的布置　　(b)注射模具总装配图的布置
模具装配图的视图表达	(1)一般情况下,用主视图和俯视图表示模具结构,必要时再绘一个侧视图以及其他剖视图和部分视图 (2)主视图上尽可能将模具的所有零件剖出,可采用全剖视或阶梯剖视,绘制出的视图要处于闭合状态或接近闭合状态,也可一半处于工作状态,另一半处于非工作状态 (3)俯视图可只绘出下模或上、下模各半的视图 (4)在剖视图中所剖切到的凸模和顶件块等旋转体时,其剖面不画剖面线。有时为了图面结构清晰,非旋转形的凸模也可以不画剖面线 (5)条料或制件轮廓涂黑(涂红),或用双点画线表示
模具装配图上的工件图	(1)工件图是经模具冲压后所得到的冲压件图形,一般画在总图的右上角,并注明材料名称、厚度及必要的尺寸 (2)工件图的比例一般与模具图一致,特殊情况可以缩小或放大 (3)工件图的方向应与冲压方向一致(即与工件在模具中的位置一样),若特殊情况下不一致时,必须用箭头注明冲压方向或注射成形方向
模具装配图上的排样图	(1)利用带料、条料时,应画出排样图,一般画在总装图右上角的工件图下面或俯视图与明细栏之间 (2)排样图应包括排样方式、零件的冲裁过程、定距方式(用侧刃定距时,侧刃的形状、位置)、材料利用率、步距、搭边、料宽及公差,对弯曲、卷边工序的零件要考虑材料纤维方向。通常从排样图的剖切线上可以看出是单工序模还是复合模或级进模 (3)排样图上的送料方向与模具结构图上的送料方向必须一致

续表

项目	要求
序号及引出线	(1)在画序号、引出线前应先数出模具中零件的个数,然后再做统筹安排。按照"数出零件数目→布置序号位置→画短横线→画序号引出线"的作图步骤,可使所有序号引出线布置整齐、间距相等,避免出现序号引出线"重叠交叉"现象 (2)序号一般应以主视图画面为中心依顺时针旋转的方向为序依次编定,一般左边不标注序号,空出标注闭合高度及公差的位置。如果在俯视图上也要引出序号时,也可以按顺时针再顺序画出引出线并进行序号标注 (3)序号及引出线的注写规定如下: ①序号的字应比图上尺寸数字大一号或大两号。一般从被注零件的轮廓内用细实线画出指引线,在零件一端画圆点,另一端画水平实线 ②直接将序号写在水平细实线上 ③画引出线不要相互交叉,不要与剖面线平行
模具装配图的技术要求	在模具总装配图中,只需简要注明对该模具的要求和注意事项,在右下方适当位置注明技术要求。技术条件包括冲压力、所选设备型号、模具闭合高度及模具打的印记,冲裁模要注明模具间隙、模具的编号、刻字、标记、油封、保管等要求
模具装配图上应标注的尺寸	总装配图中需标注模具的模具闭合高度、外形尺寸、特征尺寸(与成形设备配合的定位尺寸)、装配尺寸(安装在成形设备上的螺钉孔中心距)、极限尺寸(活动零件的起始位置之间的距离),便于冲模使用管理,其他尺寸一般不标注
标题栏和明细栏	(1)标题栏和明细栏放在总图右下角,若图面不够,可另立一页。其格式应符合国家标准 (2)明细栏至少应有序号、图号、零件名称、数量、材料、标准代号和备注等栏目 (3)在填写图号一栏时,应给出所有零件图的图号。数字序号一般应与序号一样,以主视图画面为中心依顺时针旋转的方向为序依次编定。由于模具装配图一般算作图号00,因此明细栏中的零件图号应从01开始计数。没有零件图的零件则没有图号 (4)备注栏主要填写标准件规格、热处理、外购或外加工等说明 (5)作为课程设计,标题栏主要填写的内容有模具名称、作图比例及签名等内容。其余内容可不填

2.模具图常见的习惯画法

模具图的画法主要按机械制图的国家标准规定,考虑到模具图的特点,允许采用一些常用的习惯画法。

(1)内六角螺钉和圆柱销的画法。

同一规格、尺寸的内六角螺钉和圆柱销,在模具总装配图中的剖视图中可只画一个,各引出一个件号。内六角螺钉和圆柱销在俯视图中分别用双圆(螺钉头外径和窝孔)及单圆表示。

当剖视位置比较小时,螺钉和圆柱销可各画一半。

在总装配图中,螺钉过孔一般情况下要画出,为了简化画图,可以不画过孔,但在一副模具图中应一致。

螺钉各部分尺寸必须画正确。螺钉的近似画法是:如螺纹部分直径为D,则螺钉头部直径画成$1.5D$,内六角螺钉的头部沉头深度应为$D+(1\sim3)$mm;销钉与螺钉联用时,销钉直径应选与螺钉直径相同或小一号(即如选用M8的螺钉,销钉则应选$\Phi8$或$\Phi6$)。

(2)弹簧窝座及圆柱螺旋压缩弹簧的画法。

在冲模中,弹簧可用简化画法,用双点画线表示。当弹簧个数较多时,在俯视图中可只画一个弹簧,其余只画窝座,如图1-4-18所示。

(3)弹顶器的画法。

装在下模座下面的弹顶器起压料和卸料作用。目前许多工厂均有通用弹顶器可供选用,但有些模具的弹顶器也需专门设计,故画图时要全部画出(图1-4-19)。

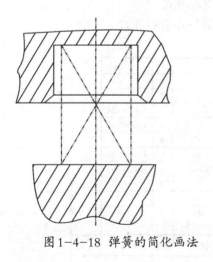

图1-4-18 弹簧的简化画法

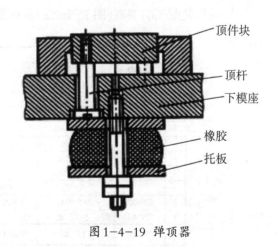

图1-4-19 弹顶器

顶件块
顶杆
下模座
橡胶
托板

3.序号的注写形式(图1-4-20)

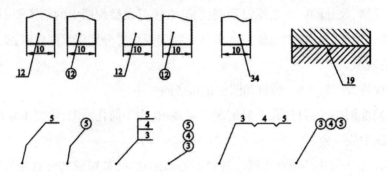

图1-4-20 序号的注写形式

4.模具零件图标题栏样式(图1-4-21)

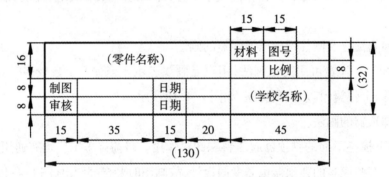

图1-4-21 模具零件图标题栏样式

5.模具装配图明细表(图1-4-22)及标题栏(图1-4-23)样式

序号	图号	名称	标准代号	材料	数量	备注
12		弹顶器			1	
11	CM-07	模板	GB28624-81	35	1	
10		圆柱销φ6×70	GB119-76	45	2	
9	CM-06	弯曲凸模		T10A	1	HRC50-54
8	CM-05	定位板		45	2	HRC40-45
7		螺钉M4×10	GB70-76	45	4	
6	CM-04	顶料板		45	1	HRC40-45
5	CM-03	弯曲凹模		T10A	2	HRC50-54
4		圆柱销φ6×70		35	4	
3		内六角螺钉	GB119-76	45	4	
2	CM-02	卸料螺钉	GB70-76	45	2	
1	CM-01	下模座板	GB28675-81	HT250	1	
序号	图 号	名 称	标准代号	材 料	数量	备 注
10	25	40	25	25	10	25
(160)						

图1-4-22 模具装配图明细栏样式

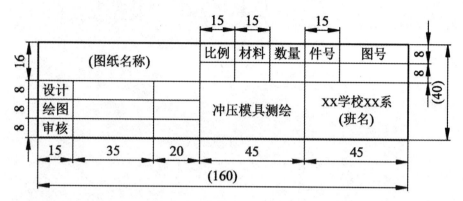

图1-4-23 装配图标题栏样式

任务评价

　　学生分组进行测绘,指导教师巡视学生测绘模具的全过程,发现测绘过程中不规范的方法要及时予以纠正,完成任务后及时按表1-4-11的要求进行评价。

表1-4-11 测绘冷冲压模具评价表

评价内容	评价标准	分值	学生自评	教师评估
任务准备	是否准备充分(酌情)	5分		
任务过程	基本熟悉模具测绘方法及流程,按时完成测绘任务	55分		
任务结果	图样整洁、规范、正确	20分		
出勤情况	无迟到、早退、旷课	10分		
情感评价	服从组长安排,积极参与,与同学分工协作;遵守安全操作规程;保持工作现场整洁	10分		

项目二 注射成形模具拆装与测绘

　　注射成形模具是指将受热融化的材料由高压射入模腔,经冷却固化后,得到塑胶制品的特殊专用工具。注射成形模具结构形式很多,本项目主要通过对二板式注射成形模具、三板式注射成形模具、斜导柱抽芯注射成形模具三类典型注射成形模具(如下图所示)的拆装及测绘方法的学习,进一步增强对典型注射成形模具结构的认识,为今后学习注射成形模具的结构设计打下基础。

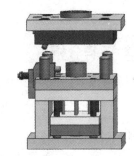

三类典型注射成形模具

目标类型	目标要求
知识目标	(1)识记模具拆装安全操作规程 (2)认识模具拆装工具 (3)描述二板式、三板式与斜导柱抽芯注射成形模具的类型、结构 (4)理解二板式、三板式与斜导柱抽芯注射成形模具的拆装步骤 (5)理解注射成形模具的装配图、零件图的测绘方法
技能目标	(1)能按安全操作规程与工艺规程拆装模具 (2)会使用拆装工具拆装注射成形模具 (3)能识别注射成形模具类型、结构及模具零件、标准件 (4)能正确绘制注射成形模具零件图、装配图
情感目标	(1)能遵守安全操作规程 (2)养成吃苦耐劳、精益求精的好习惯 (3)具有团队合作、分工协作精神 (4)能主动探索、寻找解决问题的途径

任务一 拆装二板式注射成形模具

任务目标

(1)能描述二板式注射成形模具的基本结构、零件。

(2)能正确、熟练拆装二板式注射成形模具。

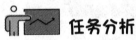

任务分析

拆装如图2-1-1所示二板式注射成形模具,其三维结构见图2-1-2,图中所示的塑件产品即由此模具注射成形。在拆卸过程中了解二板式注射成形模具的基本结构,掌握模具拆卸方法。

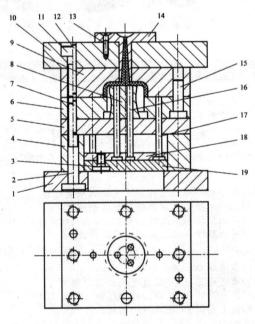

1-动模座板;2,3,11,13-螺钉;4-等高垫块;5-垫板;6-型芯固定板;7-定位销;8-型芯;9-型腔;
10-定模座板;12-定位销;14-浇口套;15-导柱;16-推杆;17-复位杆;
18-推杆固定板;19-推板

图2-1-1 二板式注射成形模具结构示意图

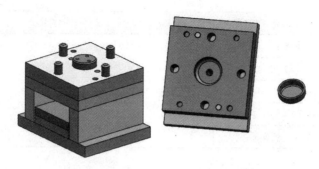

图2-1-2 二板式注射成形模具及产品

一、模具结构分析

注射成形模具的基本结构都由定模和动模两部分组成。图2-1-1所示二板式注射成形模具的定模部分由浇口套14、定模座板10、型腔9等零件组成;动模部分由导柱15、型芯固定板6、型芯8、垫板5、推杆16、复位杆17、推杆固定板18、推板19、等高垫块4、动模座板1等零件组成。

二板式注射成形模具又称为单分型面注射成形模具。它是注射模中最简单的一种结构形式,其型腔由动模和定模构成。主流道设在定模上,分流道及浇口设在分型面上,开模后塑件连同流道凝料一起留在动模上,动模一侧设有推出机构,用以推出塑件及流道凝料。

二板式注射成形模结构简单,塑件成型的适应性很强,应用十分广泛。

二、模具基本零件

图2-1-1所示二板式注射成形模具零件的分类及作用见表2-1-1。

表2-1-1 二板式注射成形模具零件的分类及作用

零件种类	零件名称及序号	零件作用
成形零件	型腔9	形成塑件外表面形状
	型芯8	形成塑件内表面形状
浇注系统	浇口套14	熔融塑料注射进入模具型腔所流经的通道
导向机构	导柱15	保证工作时定模部分与动模部分保持准确位置
推出机构	推杆16	将塑件从模具中推出,保证推板复位精度
	复位杆17	
	推杆固定板18	
	推板19	

续表

零件种类	零件名称及序号	零件作用
支承零件	动模座板1	支承、连接工作零件的相关零件
	定模座板10	
	等高垫块4	
	垫板5	
	型芯固定板6	

三、模具工作原理

图2-1-2所示二板式注射成形模具的工作原理如下：

定模安装在注射机的定模板上，动模安装在注射机的动模板上。

合模时，在导柱15的引导下动模部分和定模部分正确对合，并在注射机提供的锁模力作用下，型腔9和型芯固定板6紧密贴合。

注射时，注射熔体经浇注系统进入型腔9，经过保压（补缩）、冷却（定型）等过程后开模。

开模时，注射机合模系统带动动模后退，分型面打开，塑件包紧在型芯8上随动模一起后退，同时将主流道凝料从浇口套14中拉出。当动模移动一部分距离后，注射机顶杆接触推板19，推出机构开始工作，使推杆16将塑件及浇注系统凝料从型芯上推出。塑件及浇注系统凝料一起从模具中落下，至此完成一次注射过程。合模时，推出机构由复位杆17复位，进行下一个注射循环过程。

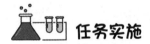

任务实施

一、拆装准备

（1）模具准备：二板式注射成形模具若干套。

（2）工具准备：准备并清点内六角扳手、取销棒、铜棒、手锤、套筒、各类等高垫块、"一"字槽螺丝刀、活动扳手、钢夹钳、旋具、润滑油、煤油、钳工台、盛物容器等，将工具摆放整齐。实训结束时，按照工具清单清点工具，交给指导教师验收。

（3）小组分工：同组人员对拆卸、观察、记录等工作可分工负责，协作完成。

（4）课前预习：熟悉实训要求，按要求预习、复习有关理论知识，详细阅读本教材相关知识，对实训报告所要求的内容在实训过程中做详细的记录。

二、拆装步骤

1.二板式注射成形模具(图2-1-2)的拆卸过程(表2-1-2)

表2-1-2 二板式注射成形模具的拆卸

步骤		操作内容	拆卸工具	注意事项
分模	1	用铜棒或撬杠分开动模部分与定模部分	铜棒、撬杠	多个方向均匀敲打,防止卡死
拆卸定模	2	用内六角扳手旋出浇口套14上的三个内六角螺钉13	内六角扳手	螺钉有序摆放
	3	用铜棒敲击浇口套14,从定模座板10中取出浇口套14	铜棒	轻轻敲击,不得损伤浇口套表面
	4	打出定模座板10上的两个销钉12	取销棒、钢锤	销钉有序摆放
	5	旋出定模座板10上的四个内六角螺钉11,分开定模座板10与型腔9	内六角扳手	(1)不得损伤型腔工作表面 (2)各零件有序摆放
拆卸动模	6	旋出动模座板1上的四个内六角螺钉2,取下动模座板1及等高垫块4	内六角扳手	各零件有序摆放
	7	旋出推板19上的四个内六角螺钉3	内六角扳手	螺钉有序摆放
	8	取下推板19、推杆固定板18、三根推杆16、两根复位杆17	铜棒	各零件有序摆放
	9	打出型芯固定板6上的两个销钉7,分开型芯固定板6和垫板5	取销棒、钢锤	销钉有序摆放
	10	用铜棒敲击型芯8,从型芯固定板6中取出型芯8	铜棒	(1)不得损伤型芯工作表面 (2)各零件有序摆放

(1)用铜棒或撬杠分开动模部分与定模部分,如图2-1-3所示。

(2)用内六角扳手旋出浇口套上的三个内六角螺钉,如图2-1-4所示。

图2-1-3 分开动、定模

图2-1-4 拆卸浇口套螺钉

（3）用铜棒敲击浇口套，从定模座板中取出浇口套，如图2-1-5所示。

（4）打出定模座板上的两个销钉，如图2-1-6所示。

（5）旋出定模座板上的四个内六角螺钉，分开定模座板与型腔，如图2-1-7所示。

（6）旋出动模座板上的四个内六角螺钉，取下动模座板及等高垫块，如图2-1-8所示。

（7）旋出推板上的四个内六角螺钉，如图2-1-9所示。

（8）取下推板、推杆固定板、三根推杆、两根复位杆，如图2-1-10所示。

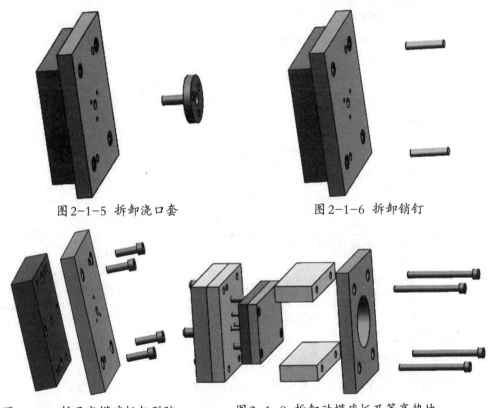

图2-1-5 拆卸浇口套　　　　　　　　　图2-1-6 拆卸销钉

图2-1-7 拆开定模座板与型腔　　　　图2-1-8 拆卸动模座板及等高垫块

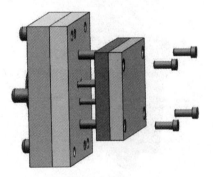
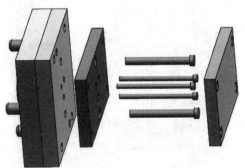

图2-1-9 拆卸推板上的螺钉　　　　　图2-1-10 拆卸推件装置

（9）打出型芯固定板上的两个销钉，分开型芯固定板和垫板，如图2-1-11所示。

（10）用铜棒敲击型芯，从型芯固定板中取出型芯，如图2-1-12所示。

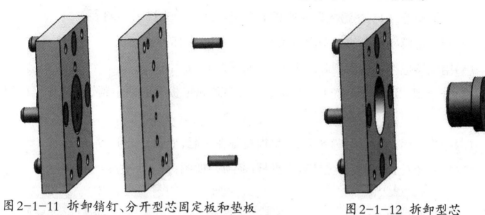

图2-1-11 拆卸销钉、分开型芯固定板和垫板　　　　图2-1-12 拆卸型芯

2.二板式注射成形模具的装配过程(表2-1-3)

表2-1-3　二板式注射成形模具的装配

步骤		操作内容	装配工具	注意事项
装配定模	1	用铜棒把浇口套14压入定模座板10,用内六角扳手旋入浇口套14上的三个内六角螺钉13	铜棒、内六角扳手	紧固螺钉时应交叉、分步拧紧
	2	合上型腔9,用铜棒敲入定模座板10上的两个销钉12	铜棒	(1)装配时不可碰伤型腔工作表面 (2)清理销钉及销孔,无杂物
	3	旋入定模座板10上的四个内六角螺钉11	内六角扳手	紧固螺钉时应交叉、分步拧紧
装配动模	4	用铜棒把型芯8敲入型芯固定板6中	铜棒	装配时不可碰伤型芯工作表面
	5	合上型芯固定板6和垫板5,用铜棒敲入型芯固定板6上的两个销钉7	铜棒	清理销钉及销孔,无杂物
	6	把推杆固定板18与型芯固定板6和垫板5重叠在一起	手工	注意各板的方向正确
	7	把三根推杆16、两根复位杆17装入推杆固定板18	铜棒	清理推杆及推杆孔,无杂物
	8	合上推板19,旋入推板19上的四个内六角螺钉3	内六角扳手	紧固螺钉时应交叉、分步拧紧
	9	合上等高垫块4及动模座板1,旋入动模座板1上的四个内六角螺钉2	内六角扳手	紧固螺钉时应交叉、分步拧紧
合模	10	把动、定模部分合上	铜棒	(1)注意合模方向 (2)轻轻敲击上模,防止砸伤手

（1）用铜棒把浇口套压入定模座板，用内六角扳手旋入浇口套上的三个内六角螺钉，如图2-1-13所示。

（2）合上型腔，用铜棒敲入定模座板上的两个销钉，如图2-1-14所示。

（3）旋入定模座板上的四个内六角螺钉，如图2-1-15所示。

（4）用铜棒把型芯敲入型芯固定板中，如图2-1-16所示。

（5）合上型芯固定板和垫板，用铜棒敲入型芯固定板上的两个销钉，如图2-1-17所示。

（6）把推杆固定板与型芯固定板、垫板重叠在一起，如图2-1-18所示。

（7）把三根推杆、两根复位杆装入推杆固定板，如图2-1-19所示。

图2-1-13 安装浇口套

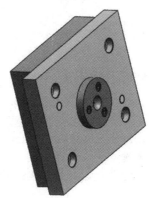

图2-1-14 安装型腔

图2-1-15 用螺钉连接
定模座板与型腔

图2-1-16 安装型芯

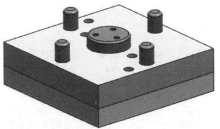

图2-1-17 安装垫板

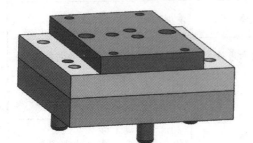

图2-1-18 安装推杆固定板

图2-1-19 安装推杆、复位杆

（8）合上推板,旋入推板上的四个内六角螺钉,如图2-1-20所示。

（9）合上等高垫块及动模座板,旋入动模座板上的四个内六角螺钉,如图2-1-21所示。

（10）把动、定模部分合上,如图2-1-22所示。

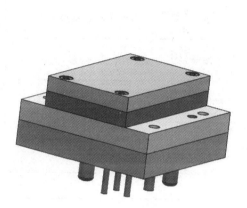

图2-1-20 安装推板

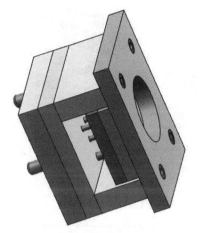

图2-1-21 安装等高垫块和动模座板

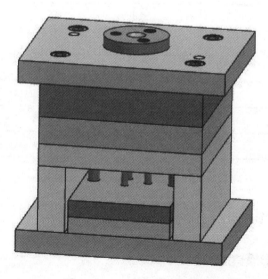

图2-1-22 合上动、定模

3.填写模具拆装工艺卡片

通过指导教师拆装模具的示范,熟练掌握模具拆装的步骤并填写模具拆装工艺卡片,见表2-1-4。

表2-1-4 模具拆装工艺卡片

XX学校	模具拆装工艺卡片
模具名称	二板式注射成形模具
模具图号	
装配图号	

工序号	工序名称	工步号	工步内容	工具	夹具

 相关知识

一、二板式注射成形模具的基本零件

二板式注射成形模具按各部分的功能,一般可分为以下几部分:

1.成形部件

型腔是直接成形注射制件的部分。它通常由凸模(成型塑件内部形状)、凹模(成型塑件外部形状)、型芯或成型杆、镶块等构成。

2.浇注系统

将熔融塑料由注射机喷嘴引入型腔的流道称为浇注系统,浇注系统由主流道、分流道、浇口及冷料井组成。从注射机喷嘴至模具型腔的熔融树脂流路称之为流道,其浇口套内树脂流路称为主流道,其余部分称为分流道。分流道末端通向型腔的节流孔称为浇口,在不通向型腔的分流道的末端设置冷料井。

3.导向部分

为确保动模与定模合模时准确对中而设导向零件。通常有导向柱、导向孔或在动模定板上分别设置互相吻合的内外锥面,有的注射模具的顶出装置为避免在顶出过程中顶出板歪斜,也设有导向零件,使顶出板保持水平运动。

4.顶出机构

顶出机构是在开模过程中,将塑件从模具中顶出的装置。顶出机构通常由推杆、推杆固定板、推出底板、主流道拉料杆及推出部分的导柱、导套联合组成。

5.加热、冷却系统

为了满足注射工艺对模具温度的要求,模具设有冷却或加热系统。冷却系统一般在模具内开设冷却水道,加热则在模具内部或周围安装加热元件,如电加热元件。

6.排气系统

为了在注射过程中将型腔内原有的空气排出,则在分型面处开设排气槽。但是小型塑件排气量不大,可直接利用分型面排气,许多模具的顶杆或型芯与模具的配合间隙均可排气,故不必另外开设排气槽。

7.支承零件

用来安装或支承前述各零件部件的零件称为支承零件,它们是导向机构构成注射成型模具的基本骨架。

二、拆装注射成形模具的注意事项

(1)在拆装模具时可一手将模具的某一部分托住,另一手用木锤或铜棒轻轻地敲击模具的另一部分的底板,从而使模具分开。决不可用很大的力来锤击模具的其他工作面,或使模具左右摆动而对模具的牢固性及精度产生不良影响。

(2)模具的拆卸工作,应按照各模具的具体结构,预先考虑好拆装程序。如果先后倒置或贪图省事而猛拆猛敲,就极易造成零件损伤或变形,严重时还将导致模具难以装配复原。

（3）拆卸模具连接零件时，必须先取出模具内的定位销，再旋出模具内的内六角螺钉。装配模具连接零件时，必须先把定位销装入模具内，再旋紧模具内的内六角螺钉。

（4）在拆卸时要特别小心，决不可碰伤模具工作零件的表面。拆卸型腔、型芯时，应先垫上垫块或用工艺螺孔，再用铜棒敲击。

（5）卸下来的零件应按拆卸顺序依次摆放（或编号）如图2-1-23所示，以便于安装。

图2-1-23 卸下零件按拆卸顺序依次摆放

（6）拆卸时，对容易产生位移而又无定位的零件，应做好标记；各零件的安装方向也需辨别清楚，并做好相应的标记，以免在装配复原时浪费时间。

（7）拆卸下来的零件应尽快清洗，放在指定的容器中，以防生锈或遗失，最好要涂上润滑油。

（8）注射成形模具的导柱、导套以及不可拆卸的零件或不宜拆卸的零件不要拆卸。

（9）装配前，用干净的棉纱仔细擦净窝座、推板、导柱和导套等配合面，若存有油垢，将会影响配合面的装配质量。

（10）动、定模合模时，使动、定模部分打字面都面向操作者，保证正确位置合模。合模前导柱和导套应涂以润滑油，动、定模保持平衡，使导柱平稳垂直地插入导套。

（11）动模型芯即将进入定模型腔时要缓慢进行装配，防止损坏型腔。

任务评价

学生分组进行拆装，指导教师巡视学生拆装模具的全过程，发现拆装过程中不规范的姿势及方法要及时予以纠正，完成任务后及时按表2-1-5要求进行评价。

表2-1-5 拆装二板式注射成形模具评价表

评价内容	评价标准	分值	学生自评	教师评估
任务准备	是否准备充分(酌情)	5分		
任务过程	操作过程规范;做好编号及标记;拆装顺序合理;工具及零件、模具摆放规范;操作时间合理	55分		
任务结果	拆装正确;工具、模具零件无损伤;能及时上交作业	20分		
出勤情况	无迟到、早退、旷课	10分		
情感评价	服从组长安排,积极参与,与同学分工协作;遵守安全操作规程;保持工作现场整洁	10分		
学习体会:				

任务二 拆装三板式注射成形模具

任务目标

(1)能描述三板式注射成形模具的基本结构、零件。

(2)能正确、熟练拆装三板式注射成形模具。

任务分析

拆装如图2-2-1所示三板式注射成形模具,其三维结构如图2-2-2所示,图中所示的塑件产品即由此模具注射成形。在拆卸过程中了解三板式注射成形模具的基本结构,掌握模具拆卸方法。

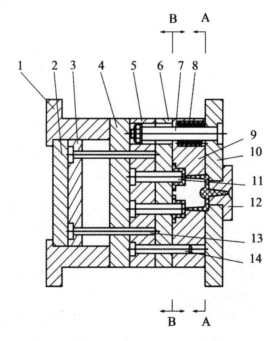

1-支架;2-推板;3-推杆固定板;4-垫板;5-型芯固定板;6-推件板;7-限位拉杆;8-弹簧;9-中间板;10-定模座板;11-型芯;12-浇口套;13-推杆;14-导柱

图2-2-1 三板式注射成形模具结构示意图

图2-2-2 三板式注射成形模具及产品

一、模具结构分析

图2-2-1所示三板式注射成形模具的定模部分由浇口套12、定模座板10、中间板9、限位拉杆7等零件组成；动模部分由导柱14、型芯固定板5、型芯11、垫板4、推杆13、推件板6、固定板3、推板2、支架1等零件组成。

三板式注射成形模具又称为双分型面注射成形模具。这种类型模具有两个分型面，一个用于取出塑件，一个用于取出浇注系统凝料。由于其结构比较复杂，模具重量较大、成本较高，因此，很少用于大型塑件或流动性差的注射成形。

二、模具基本零件

三板式注射成形模具零件的分类及作用见表2-2-1。

表2-2-1 三板式注射成形模具零件的分类

零件种类	零件名称及序号	零件作用
成形零件	中间板9	形成塑件外表面形状
	型芯11	形成塑件内表面形状
浇注系统	浇口套12	熔融塑料注射进入模具型腔所流经的通道
导向机构	导柱14	保证工作时定模部分与动模部分保持准确位置
	限位拉杆7	
推出机构	推杆13	将塑件从模具中推出，保证推板复位精度
	推件板6	
	固定板3	
	推板2	
支承零件	支架1	支承、连接工作零件的相关零件
	定模座板10	
	垫板4	
	型芯固定板5	

三、模具工作原理

三板式注射成形模具的工作原理如下：

开模时，注射模开合模系统带动动模部分后移，由于弹簧8的作用，模具首先在A-A分型面分型，中间板9随动模部分一起后移，主浇道凝料从浇口套12中随之拉出。当动模部分移动一定距离后，限位拉杆7拉动中间板9停止移动。动模部分继续后移，B-B分型面分型。因塑件包紧在型芯11上，这时浇注系统凝料在浇口处拉断，然后在A-A分型面自行脱落或由人工取出。动模部分继续后移，当注射机的顶杆接触推板2时，推出机构开始工作，推件板6在推杆13的推动下将塑件从型芯11上推出，塑件在B-B分型面自行落下。

合模时，推件板6推动推杆13，使推件机构复位，准备下一次注射。

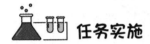 **任务实施**

一、拆装准备

（1）模具准备。三板式注射成形模具若干套。

（2）工具准备。准备并清点内六角扳手、取销棒、铜棒、手锤、套筒、各类等高垫块、"一"字槽螺丝刀、活动扳手、钢夹钳、旋具、润滑油、煤油、钳工台、盛物容器等，将工具摆放整齐。实训结束时，按照工具清单清点工具，交给指导教师验收。

（3）小组分工。同组人员对拆卸、观察、记录等工作可分工负责，协作完成。

（4）课前预习。熟悉实训要求，按要求预习、复习有关理论知识，详细阅读本教材相关知识，对实训报告所要求的内容在实训过程中做详细的记录。

二、拆装步骤

1.三板式注射成形模具(图2-2-1)的拆卸过程(表2-2-2)

表2-2-2 三板式注射成形模具的拆卸

步骤		操作内容	拆卸工具	注意事项
分模	1	用铜棒或撬杠分开动模部分与定模部分	铜棒、撬杠	多个方向均匀敲打,防止卡死
拆卸定模	2	用活动扳手旋出限位拉杆7上的四个螺母	活动扳手	螺母等小零件有序摆放
	3	用铜棒从限位拉杆7上敲下中间板9并取下弹簧8	铜棒	(1)多个方向均匀敲打,防止卡死 (2)不得损伤工作表面
	4	用内六角扳手旋出浇口套12上的两个内六角螺钉	内六角扳手	螺钉有序摆放
	5	用铜棒敲击浇口套12,取出浇口套12	铜棒	轻轻敲击,不得损伤浇口套表面
拆卸动模	6	用铜棒敲击推板2,取下推件板6	铜棒	多个方向均匀敲打,防止卡死
	7	旋出动模支架1上的四个内六角螺钉,取下支架1	内六角扳手	螺钉有序摆放
	8	用内六角扳手旋出推板2上的四个内六角螺钉	内六角扳手	螺钉有序摆放
	9	取下推板2、推杆固定板3、四根推杆13	手工	各零件有序摆放
	10	分开型芯固定板5和垫板4,取下型芯固定板5	手工	不得损伤型芯工作表面
	11	在型芯11上加垫块,用铜棒敲击垫块,从型芯固定板5中取出两个型芯11	铜棒	(1)不得损伤型芯工作表面 (2)各零件有序摆放

(1)用铜棒或撬杠分开动模部分与定模部分,如图2-2-3所示。

(2)用活动扳手旋出限位拉杆上的四个螺母,如图2-2-4所示。

图2-2-3 分开动、定模

图2-2-4 拆卸限位拉杆上的螺母

（3）用铜棒从限位拉杆上敲下中间板并取下弹簧，如图2-2-5所示。

（4）用内六角扳手旋出浇口套上的两个内六角螺钉，如图2-2-6所示。

（5）用铜棒敲击浇口套，取出浇口套，如图2-2-7所示。

（6）用铜棒敲击推板，取下推件板，如图2-2-8所示。

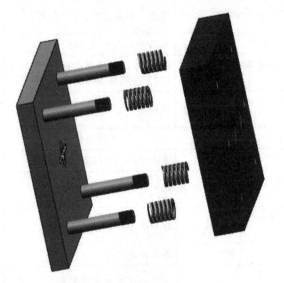

图2-2-5 拆卸中间板及弹簧

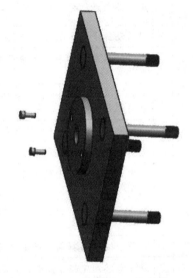

图2-2-6 拆卸浇口套螺钉

图2-2-7 拆卸浇口套

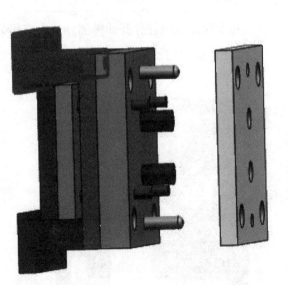

图2-2-8 拆卸推件板

（7）旋出动模支架上的四个内六角螺钉，取下支架，如图2-2-9所示。

（8）用内六角扳手旋出推板上的四个内六角螺钉，如图2-2-10所示。

（9）取下推板、推杆固定板、四根推杆，如图2-2-11所示。

（10）分开型芯固定板和垫板，取下型芯固定板，如图2-2-12所示。

（11）在型芯上加垫块，用铜棒敲击垫块，从型芯固定板中取出两个型芯，如图2-2-13所示。

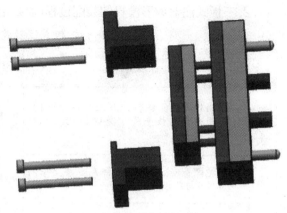

图2-2-9 拆卸支架

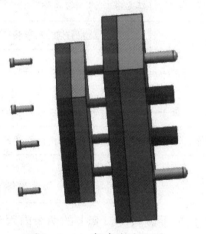

图2-2-10 拆卸推板螺钉

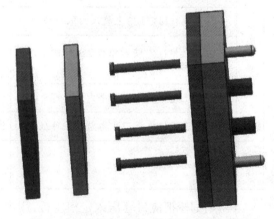

图2-2-11 拆卸推板、推杆固定板、推杆

图2-2-12 分开型芯固定板和垫板

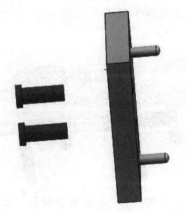

图2-2-13 拆卸型芯

2.三板式注射成形模具的装配过程(表2-2-3)

表2-2-3 三板式注射成形模具的装配

步骤		操作内容	装配工具	注意事项
装配定模	1	用铜棒把浇口套12压入定模座板10,用内六角扳手旋入浇口套12上的两个内六角螺钉	铜棒、内六角扳手	紧固螺钉时应交叉、分步拧紧
	2	把弹簧8装入限位拉杆7上,合上中间板9与定模座板10	铜棒	装配时不可碰伤工作表面
	3	将四个螺母安装到限位拉杆7上	活动扳手	检查中间板是否滑动灵活、顺畅
装配动模	4	用铜棒把型芯11敲入型芯固定板5中	铜棒	装配时不可碰伤型芯工作表面
	5	合上型芯固定板5和垫板4及推杆固定板3	手工	注意各板的方向正确
	6	在推杆固定板3上装入四根推杆13	铜棒	清理推杆及推杆孔,无杂物
	7	合上推板2,旋入推板2上的四个内六角螺钉	内六角扳手	紧固螺钉时应交叉、分步拧紧
	8	合上支架1,旋入四个内六角螺钉	内六角扳手	紧固螺钉时应交叉、分步拧紧
	9	合上推件板6,用铜棒敲击推件板6	铜棒	多个方向均匀敲打,防止卡死
合模	10	把动、定模部分合上	铜棒	(1)注意合模方向 (2)轻轻敲击上模,防止砸伤手

(1)用铜棒把浇口套压入定模座板,用内六角扳手旋入浇口套上的两个内六角螺钉,如图2-2-14所示。

(2)把弹簧装入限位拉杆上,合上中间板与定模座板,如图2-2-15所示。

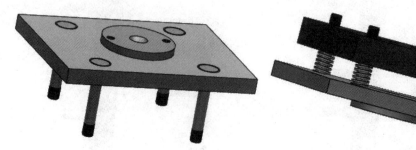

图2-2-14 安装浇口套　　　　　　图2-2-15 安装弹簧与中间板

（3）将四个螺母安装到限位拉杆上，如图2-2-16所示。

（4）用铜棒把型芯敲入型芯固定板中，如图2-2-17所示。

（5）合上型芯固定板和垫板及推杆固定板，如图2-2-18所示。

（6）在推杆固定板上装入四根推杆，如图2-2-19所示。

（7）合上推板，旋入推板上的四个内六角螺钉，如图2-2-20所示。

（8）合上支架，旋入四个内六角螺钉，如图2-2-21所示。

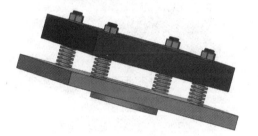

图2-2-16 安装限位拉杆上的螺母

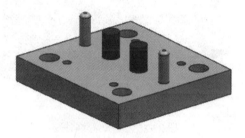

图2-2-17 安装型芯

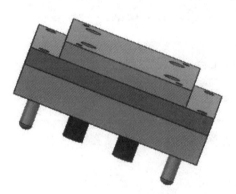

图2-2-18 合上型芯固定板、垫板及
推杆固定板

图2-2-19 安装推杆

图2-2-20 安装推板

图2-2-21 安装支架、紧固动模

（9）合上推件板，用铜棒敲击推件板，如图2-2-22所示。

（10）把动、定模部分合上，如图2-2-23所示。

图2-2-22 安装推件板

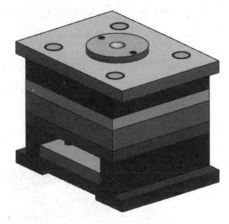

图2-2-23 合上动、定模

3.填写模具拆装工艺卡片

通过指导教师拆装模具的示范，熟练掌握模具拆装的步骤并填写模具拆装工艺卡片（表2-2-4）。

表2-2-4 模具拆装工艺卡片

		XX学校	模具拆装工艺卡片		
		模具名称	三板式注射成形模具		
		模具图号			
		装配图号			
工序号	工序名称	工步号	工步内容	工具	夹具

 **相关知识**

三板式注射成形模具的结构形式很多,常用的有弹簧分型拉板定距、弹簧分型拉杆定距、导柱定距、摆钩分型螺钉定距等形式。

1.弹簧分型拉板定距

结构形式如图2-2-24所示,此形式适合于一些中小型的模具。在分型机构中,弹簧应至少布置4个,弹簧的两端应并紧且磨平,高度应一致,并对称布置于首次分型面上模板的四周,以保证分型时,中间板受到的弹力均匀,移动时不被卡死。定距拉板一般采用两块,对称布置于模具的两侧。

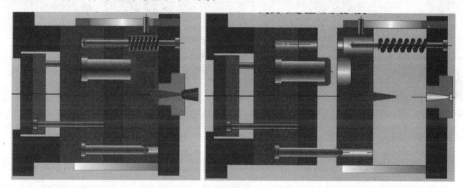

图2-2-24 弹簧分型拉板定距三板式注射模

2.弹簧分型拉杆定距

结构形式如图2-2-25所示。其工作原理与弹簧分型拉板定距注射模基本相同,只是定距方式不同,采用拉杆端部的螺母来限定中间板的移动距离。限位拉杆还常兼作定模导柱,此时,它与中间板应按导向机构的要求进行配合导向。

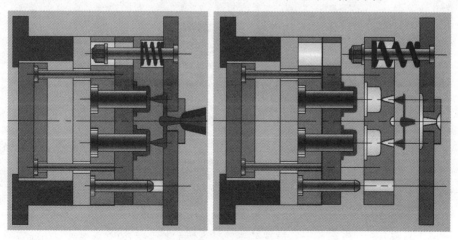

图2-2-25 弹簧分型拉杆定距三板式注射模

3. 导柱定距

结构形式如图2-2-26所示。这种定距导柱,既是中间板的支承和导向,又是动、定模的导向,使模板面上的杆孔大为减少。对模具分型面比较紧凑的小型模具来说,这种结构形式是经济合理的。

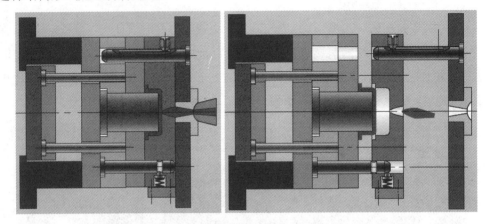

图2-2-26 导柱定距三板式注射模

4. 摆钩分型螺钉定距

结构形式如图2-2-27所示。两次分型的机构由挡块、摆钩、压块、弹簧和限位螺钉等组成。开模时,由于固定在中间板上的摆钩拉住支承板上的挡块,模具进行第一次分型。开模到一定距离后,摆钩在压块的作用下产生摆动而脱钩,同时中间板在限位螺钉的限制下停止移动,模具进行第二次分型。在进行结构设计时,摆钩和压块等零件应对称布置在模具的两侧,摆钩拉住动模上挡块的角度取10°～30°为宜。

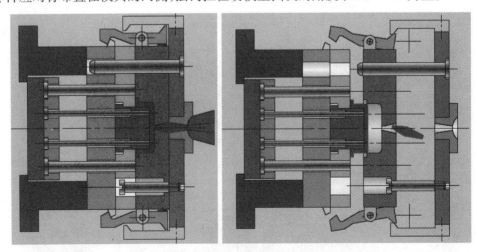

图2-2-27 摆钩分型螺钉定距三板式注射模

任务评价

　　学生分组进行拆装,指导教师巡视学生拆装模具的全过程,发现拆装过程中不规范的姿势及方法要及时予以纠正,完成任务后及时按表2-2-5要求进行评价。

表2-2-5 拆装三板式注射成形模具评价表

评价内容	评价标准	分值	学生自评	教师评估
任务准备	是否准备充分(酌情)	5分		
任务过程	操作过程规范;做好编号及标记;拆装顺序合理;工具及零件、模具摆放规范;操作时间合理	55分		
任务结果	拆装正确;工具、模具零件无损伤;能及时上交作业	20分		
出勤情况	无迟到、早退、旷课	10分		
情感评价	服从组长安排,积极参与,与同学分工协作;遵守安全操作规程;保持工作现场整洁	10分		
学习体会:				

任务三 拆装斜导柱抽芯注射成形模具

 任务目标

(1)能描述斜导柱抽芯注射成形模具的基本结构、零件。

(2)能正确、熟练拆装斜导柱抽芯注射成形模具。

 **任务分析**

拆装如图2-3-1所示斜导柱抽芯注射成形模具,其三维结构如图2-3-2所示,图中所示产品为该模具注射成形。在拆卸过程中了解斜导柱抽芯注射成形模具的基本结构,掌握模具拆卸方法。

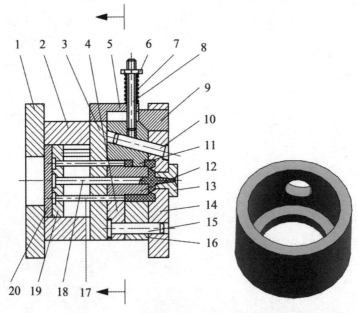

1-动模座板;2-垫块;3-支承板;4-型芯固定板;5-挡块;6-螺母;7-弹簧;8-滑块拉杆;9-锁紧块;
10-斜导柱;11-滑块;12-型芯;13-浇口套;14-定模座板;15-导柱;16-定模板;17-推杆;
18-拉料杆;19-推杆固定板;20-推板

图2-3-1 斜导柱抽芯注射成形模具结构示意图

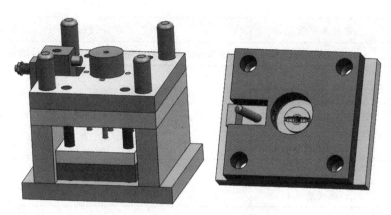

图2-3-2 斜导柱抽芯注射成形模具

一、模具结构分析

当塑件侧壁有孔、凹槽或凸起时,其成型零件必须制成可侧向移动的,否则塑件无法脱模。带动侧向成型零件进行侧向移动的整个机构称为侧向分型与抽芯机构。

利用斜导柱结构实现塑件上侧凸或侧凹在模具内利用开模力自动脱模的注射成形模具称为斜导柱抽芯注射成形模具。图2-3-1所示即为斜导柱抽芯注射成形模具,它的侧向抽芯机构是由斜导柱10、锁紧块9和滑块11的定位装置(挡块5、滑块拉杆8、弹簧7)等组成。

这副模具定模部分由浇口套13、定模座板14、定模板16、斜导柱10、锁紧块9等零件组成;动模部分由导柱15、滑块11、挡块5、型芯固定板4、型芯12、支承板3、推杆17、拉料杆18、推杆固定板19、推板20、垫块2和动模座板1等零件组成。

二、模具基本零件

图2-3-1所示斜导柱抽芯注射成形模具零件的分类及作用见表2-3-1。

表2-3-1 斜导柱抽芯注射成形模具零件的分类及作用

零件种类	零件名称及序号	零件作用
成形零件	定模板16	形成塑件外表面形状
	定模座板14	
	型芯12	形成塑件内表面形状
	滑块11	
浇注系统	浇口套13	熔融塑料注射进入模具型腔所流经的通道
	拉料杆18	

续表

零件种类	零件名称及序号	零件作用
导向机构	导柱15	保证工作时定模部分与动模部分保持准确位置
推出机构	推杆17	将塑件从模具中推出,保证推板复位精度
	复位杆	
	推杆固定板19	
	推板20	
支承零件	垫块2	支承、连接工作零件的相关零件
	动模座板1	
定位装置	弹簧7	滑块在抽芯结束后的终止位置定位的有关零件
	挡块5	
	滑块拉杆8	

三、模具工作原理

图2-3-1所示斜导柱抽芯注射成形模具的工作原理如下:

合模时,在导柱15的引导下动模部分和定模部分正确对合,并在注射机提供的锁模力作用下,动模部分和定模部分紧密贴合。注射时,注射熔体经浇注系统进入型腔,经过保压(补缩)、冷却(定型)等过程后开模。开模时,注射机合模系统带动动模后退,分型面打开的同时,定模座板14上的斜导柱10带动滑块11侧移离开塑件,塑件包紧在型芯12上随动模一起后退,同时拉料杆18将主流道凝料从浇口套13中拉出。当动模移动一部分距离后,注射机顶杆推动推板20、推杆17和拉料杆18,将塑件及浇注系统凝料从型芯12上推出。塑件及浇注系统凝料一起从模具中落下,至此完成一次注射过程。合模时,推出机构由复位杆复位,进行下一个注射循环过程。

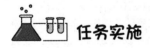

任务实施

一、拆装准备

(1)模具准备。斜导柱抽芯注射成形模具若干套。

(2)工具准备。准备并清点内六角扳手、取销棒、铜棒、手锤、套筒、各类等高垫块、"一"字槽螺丝刀、活动扳手、钢夹钳、旋具、润滑油、煤油、钳工台和盛物容器等,将工具摆放整齐。实训结束时,按照工具清单清点工具,交给指导教师验收。

（3）小组分工。同组人员对拆卸、观察、记录等工作可分工负责，协作完成。

（4）课前预习。熟悉实训要求，按要求预习、复习有关理论知识，详细阅读本教材相关知识，对实训报告所要求的内容在实训过程中做详细的记录。

二、拆装步骤

1.斜导柱抽芯注射成形模具(图2-3-2)的拆卸过程(表2-3-2)

表2-3-2　斜导柱抽芯注射成形模具的拆卸

步骤		操作内容	拆卸工具	注意事项
分模	1	用铜棒或撬杠分开动模部分与定模部分	铜棒、撬杠	多个方向均匀敲打，防止卡死
拆卸定模	2	用内六角扳手旋出定模座板14上的四个内六角螺钉，分开定模座板14与定模板16	内六角扳手	(1)螺钉有序摆放 (2)不得损伤型腔工作表面
	3	用内六角扳手旋出浇口套13上的两个内六角螺钉	内六角扳手	浇口套、螺钉有序摆放
	4	用铜棒敲击浇口套13，取出浇口套13	铜棒	轻轻敲击，不得损伤浇口套表面
拆卸动模	5	用内六角扳手旋出挡块5上的内六角螺钉，取下挡块5、螺母6、弹簧7、滑块拉杆8及滑块11等组件	内六角扳手	零件太小，注意有序摆放，避免丢失
	6	用活动扳手旋出螺母6，分开挡块5、弹簧7、滑块拉杆8及滑块11	活动扳手	各零件有序摆放
	7	旋出动模座板1上的四个内六角螺钉	内六角扳手	螺钉有序摆放
	8	取下动模座板1、垫块2	手工	各零件有序摆放
	9	双手拉出推杆固定板19等组件	手工	不要用力过猛，避免卡死
	10	用内六角扳手旋出推板20上的四个内六角螺钉	内六角扳手	螺钉有序摆放
	11	取下推板20、推杆固定板19、拉料杆18、推杆17、复位杆	手工	各零件有序摆放
	12	用内六角扳手旋出支承板3上的两个内六角螺钉，分开型芯固定板4和支承板3	内六角扳手	各零件有序摆放
	13	在型芯12上加垫块，用铜棒敲击垫块，从型芯固定板4中取出型芯12	铜棒	(1)不得损伤型芯工作表面 (2)各零件有序摆放

（1）用铜棒或撬杠分开动模部分与定模部分，如图2-3-3所示。

（2）用内六角扳手旋出定模座板上的四个内六角螺钉，分开定模座板与定模板，如图2-3-4所示。

（3）用内六角扳手旋出浇口套上的两个内六角螺钉，如图2-3-5所示。

（4）用铜棒敲击浇口套，取出浇口套，如图2-3-6所示。

（5）用内六角扳手旋出挡块上的内六角螺钉，取下挡块、螺母、弹簧、滑块拉杆及滑块等组件，如图2-3-7所示。

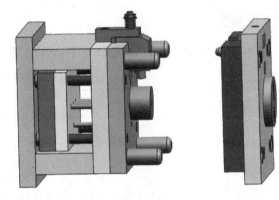

图2-3-3 分开动、定模

图2-3-4 拆卸定模座板与定模板

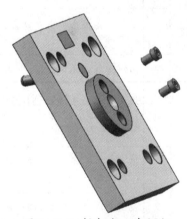

图2-3-5 拆卸浇口套螺钉

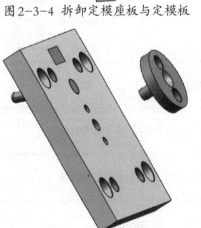

图2-3-6 拆卸浇口套

图2-3-7 拆卸滑块组件

（6）用活动扳手旋出螺母，分开挡块、弹簧、滑块拉杆及滑块，如图2-3-8所示。

（7）旋出动模座板上的四个内六角螺钉，如图2-3-9所示。

（8）取下动模座板、垫块，如图2-3-10所示。

（9）双手拉出推杆固定板等组件，如图2-3-11所示。

（10）用内六角扳手旋出推板上的四个内六角螺钉，如图2-3-12所示。

图2-3-8 分开滑块组件　　　　　　　图2-3-9 拆卸动模座板长螺钉

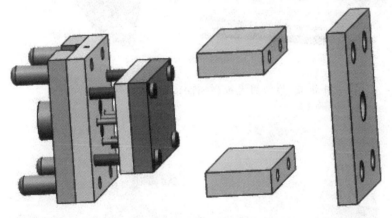

图2-3-10 拆卸动模座板、垫块

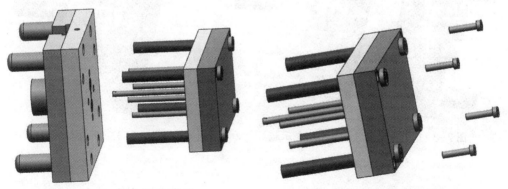

图2-3-11 拆卸推件装置　　　　　　　图2-3-12 拆卸推板螺钉

（11）取下推板、推杆固定板、拉料杆、推杆、复位杆，如图2-3-13所示。

（12）用内六角扳手旋出支承板上的两个内六角螺钉，分开型芯固定板和支承板，如图2-3-14所示。

（13）在型芯上加垫块，用铜棒敲击垫块，从型芯固定板中取出型芯，如图2-3-15所示。

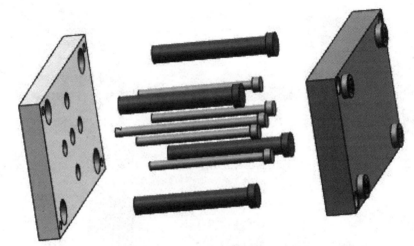

图2-3-13 分开推板、推杆固定板、拉料杆、推杆、复位杆

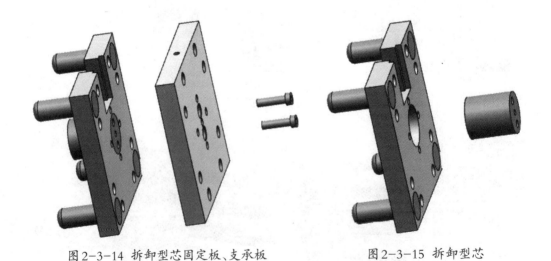

图2-3-14 拆卸型芯固定板、支承板　　　　　图2-3-15 拆卸型芯

2.斜导柱抽芯注射成形模具的装配过程(表2-3-3)

表2-3-3 斜导柱抽芯注射成形模具的装配

步骤		操作内容	装配工具	注意事项
装配定模	1	用铜棒把浇口套13压入定模座板14	铜棒	轻轻敲打浇口套
	2	用内六角扳手旋入浇口套13上的两个内六角螺钉	内六角扳手	紧固螺钉时应交叉、分步拧紧
	3	合上定模座板14与定模板16,用内六角扳手旋紧定模座板14上的四个内六角螺钉	内六角扳手	紧固螺钉时应交叉、分步拧紧
装配动模	4	在型芯12上加垫块,用铜棒把型芯12敲入型芯固定板4中	铜棒	装配时不可碰伤型芯工作表面
	5	合上型芯固定板4、挡块5,旋紧挡块5上的两个内六角螺钉,拉紧型芯12	内六角扳手	(1)注意各板的方向正确 (2)紧固螺钉时应交叉、分步拧紧
	6	合上推杆固定板19,在推杆固定板19上装入拉料杆18、推杆17、复位杆	铜棒	(1)注意各板的方向正确 (2)轻轻敲击各杆,避免折断
	7	合上推板20,旋入推板20上的四个内六角螺钉	内六角扳手	紧固螺钉时应交叉、分步拧紧
	8	合上动模座板1、垫块2,旋入四个内六角螺钉	内六角扳手	紧固螺钉时应交叉、分步拧紧
	9	把滑块11装入型芯固定板4的滑槽内,装上滑块拉杆8、弹簧7、螺母6、挡块5,形成滑块组件,用内六角螺钉把挡块5固定在支承板3上	铜棒、活动扳手、内六角扳手	(1)清理滑块、滑槽 (2)不得损伤滑块工作部分
合模	10	把动、定模部分合上	铜棒	(1)注意合模方向 (2)轻轻敲击上模,防止砸伤手

(1)用铜棒把浇口套压入定模座板,如图2-3-16所示。

(2)用内六角扳手旋入浇口套上的两个内六角螺钉,如图2-3-17所示。

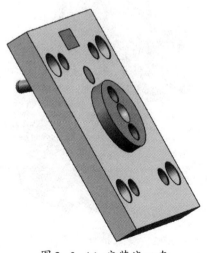

图2-3-16 安装浇口套

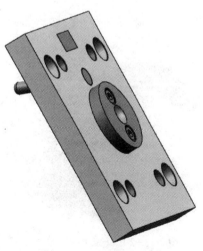

图2-3-17 紧固浇口套

(3)合上定模座板与定模板,用内六角扳手旋紧定模座板上的四个内六角螺钉,如图2-3-18所示。

(4)在型芯上加垫块,用铜棒把型芯敲入型芯固定板中,如图2-3-19所示。

(5)合上型芯固定板、挡块,旋紧挡块上的两个内六角螺钉,拉紧型芯,如图2-3-20所示。

(6)合上推杆固定板,在推杆固定板上装入拉料杆、推杆、复位杆,如图2-3-21所示。

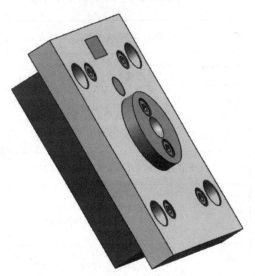

图2-3-18 安装、紧固定模板

图2-3-19 安装型芯

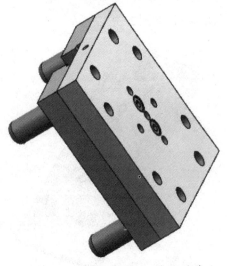

图2-3-20 安装垫板、紧固型芯

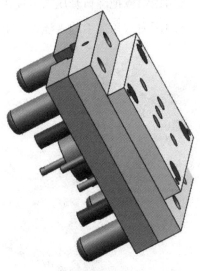

图2-3-21 安装推杆固定板、拉料杆、
推杆、复位杆

（7）合上推板，旋入推板上的四个内六角螺钉，如图2-3-22所示。

（8）合上动模座板、垫块，旋入四个内六角螺钉，如图2-3-23所示。

（9）把滑块装入型芯固定板的滑槽内，装上滑块拉杆、弹簧、螺母、挡块，形成滑块组件，用内六角螺钉把挡块固定在支承板上，如图2-3-24所示。

（10）把动、定模部分合上，如图2-3-25所示。

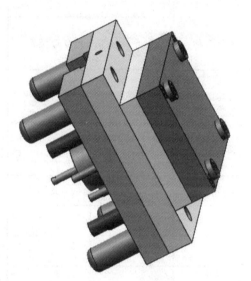

图2-3-22 安装、紧固推板

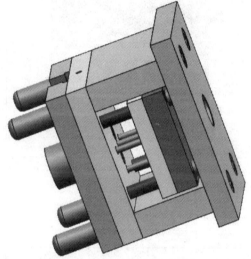

图2-3-23 安装、紧固动模座板与垫块

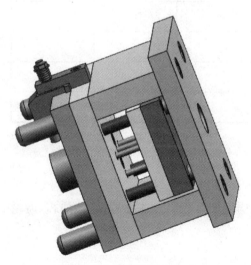

图2-3-24 安装滑块组件

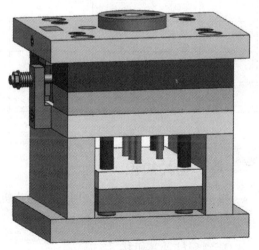

图2-3-25 合上动、定模

3.填写模具拆装工艺卡片

通过指导教师拆装模具的示范,熟练掌握模具拆装的步骤并填写模具拆装工艺卡片,见表2-3-4。

表2-3-4 模具拆装工艺卡片

			XX学校		模具拆装工艺卡片	
			模具名称		斜导柱抽芯注射成形模具	
			模具图号			
			装配图号			
工序号	工序名称	工步号	工步内容		工具	夹具

 **相关知识**

根据传动零件的不同,常用的侧抽芯机构主要分为斜导柱抽芯、弯销抽芯、齿轮齿条抽芯和斜滑块抽芯四种形式。

1.斜导柱抽芯机构

斜导柱抽芯机构由与模具开模方向成一定角度的斜导柱和滑块组成,并有保证抽芯稳妥可靠的滑块定位装置和锁紧装置,如图2-3-26所示。斜导柱抽芯机构具有结构简单、制造方便、工作可靠等特点。

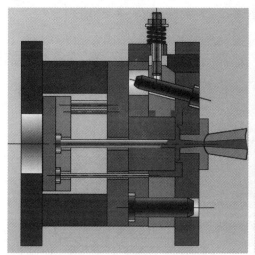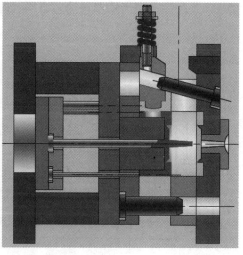

图2-3-26 斜导柱抽芯机构

2.弯销抽芯机构

弯销抽芯机构是斜导柱抽芯机构的一种变形,其工作原理与斜导柱抽芯机构相同,不同的是在结构上以弯销代替了斜导柱,如图2-3-27所示。弯销通常为矩形截面,抗弯强度较高,可采用较大的倾斜角,在开模距离相同的条件下,可获得较大的抽芯距。必要时弯销还可由不同斜角的几段组成,以小的斜角段获得较大的抽芯力,而以大的斜角段获得较大的抽芯距。

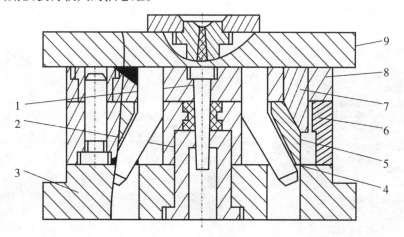

1-型芯;2-动模镶块;3-动模座板;4-弯销;5-侧型芯滑块;6-动模板;7-楔紧块;

8-定模座;9-定模座板

图2-3-27 弯销抽芯机构

3. 齿轮齿条抽芯机构

斜导柱等侧向抽芯机构,仅适用于抽芯距较短的塑件,当塑件上侧向抽芯距大于80 mm时,往往采用齿轮齿条抽芯机构,如图2-3-28所示。

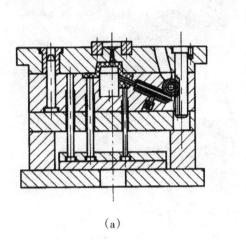 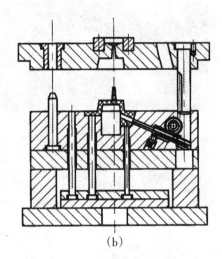

(a)   (b)

图2-3-28 齿轮齿条抽芯机构

4. 斜滑块抽芯机构

当塑件的侧凹较浅,所需的抽芯距不大,但侧凹的成形面积较大,因而需较大的抽芯力时,可以采用斜滑块机构进行侧向分型与抽芯,其特点是利用推出机构的推力驱动斜滑块斜向运动,在塑件被推出脱模的同时由斜滑块完成侧向分型与抽芯动作,如图2-3-29所示。

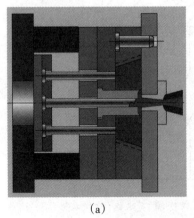 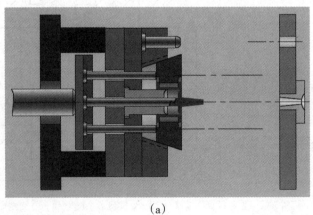

(a)   (a)

图2-3-29 斜滑块抽芯机构

![任务评价图标] **任务评价**

学生分组进行拆装,指导教师巡视学生拆装模具的全过程,发现拆装过程中不规范的姿势及方法要及时予以纠正,完成任务后及时按表2-3-5要求进行评价。

表2-3-5 拆装斜导柱抽芯注射成形模具评价表

评价内容	评价标准	分值	学生自评	教师评估
任务准备	是否准备充分(酌情)	5分		
任务过程	操作过程规范;做好编号及标记;拆装顺序合理;工具及零件、模具摆放规范;操作时间合理	55分		
任务结果	拆装正确;工具、模具零件无损伤;能及时上交作业	20分		
出勤情况	无迟到、早退、旷课	10分		
情感评价	服从组长安排,积极参与,与同学分工协作;遵守安全操作规程;保持工作现场整洁	10分		

任务四 测绘注射成形模具

 任务目标

（1）会测量注射成形模具。

（2）会绘制注射成形模具零件图。

（3）会绘制注射成形模具装配图。

 **任务分析**

注射成形模具测绘是在注射成形模具拆卸之后进行的，通过拆卸模具认识模具结构、模具零部件的功能及相互间的配合关系，分析零件形状并测量零件，在手工绘制注射成形模具结构草图、零件草图的基础上，绘制出注射成形模具的装配图、零件图，掌握注射成形模具的测绘方法。现以图2-4-1端盖注射成形模具为例讲解注射成形模具测绘过程。

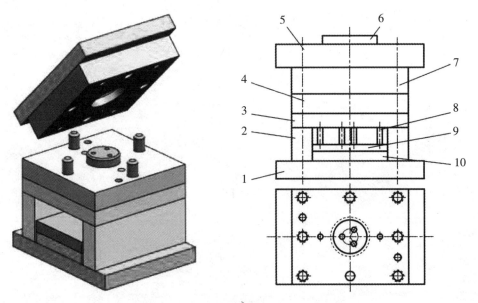

图2-4-1 端盖注射成形模具及结构简图

 **任务实施**

一、任务准备

(1)小组分工。同组人员对测量、记录等工作可分工负责,绘图工作需协作完成。

(2)工具准备。领用并清点测量工具,将工具摆放整齐。任务完成后按照工具清单清点工具,交给指导教师验收。

(3)课前预习。熟悉任务要求,按要求预习、复习有关理论知识,在指导老师讲解过程中,做好详细的记录,在执行任务时带齐绘图仪器和纸张。

二、测绘步骤

1.绘制模具结构简图(图2-4-1)

2.拆卸端盖二板式注射成形模具

拆卸模具前要研究拆卸方法和拆卸顺序,不可拆的部分要尽量不拆,不能采用破坏性拆卸方法。拆卸前要测量一些重要尺寸,如运动部件的极限位置和装配间隙等。

拆卸图2-4-1所示端盖二板式注射成形模具,其具体步骤及要求参考项目二任务一。

3.测绘模具零件草图及零件工作图

对所有非标准零件,均要绘制零件草图及零件工作图。零件草图应包括零件图的所有内容,然后根据零件草图绘制模具零件工作图。如图2-4-2所示端盖注射成形模具型腔零件,其草图及零件工作图测绘步骤见表2-4-1。

图2-4-2 端盖注射成形模具型腔

表2-4-1 端盖注射成形模具型腔零件工作图绘制步骤

步骤	内容
1	零件结构、形状及工艺分析
2	拟定零件表达方案,确定主视图
3	图纸布局,考虑标注尺寸、图框、标题栏的位置,画出各视图的中心线、对称线及主要基准线
4	画出主要结构轮廓,零件每个组成部分的各视图按投影关系同时画出
5	画出零件的次要部分的细节及剖切线位置,并在对应视图上画出剖切线
6	选择尺寸基准,正确、完整、清晰、合理地标出全部尺寸
7	标注尺寸公差、几何公差、表面粗糙度,拟定其他技术要求,填写标题栏

(1)零件结构、形状及工艺分析。

图2-4-2所示端盖注射成形模具型腔的形体特征为正方形板料,正中间有一圆形型腔,板四边对称分布四个Φ20的导柱孔、四个M16的螺钉孔及两个Φ16的销孔。

(2)拟定零件表达方案,确定主视图,如图2-4-3所示。

考虑到正确表达将型腔形状的需要,所以将有型腔一面作为主视图。

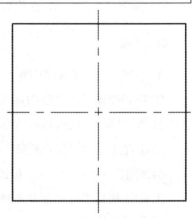

图2-4-3 确定主视图

(3)图纸布局,考虑标注尺寸、图框、标题栏的位置,画出各视图的中心线、对称线及主要基准线,如图2-4-4所示。

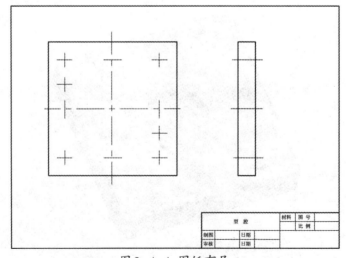

图2-4-4 图纸布局

（4）画出主要结构轮廓，零件每个组成部分的各视图按投影关系同时画出，如图 2-4-5 所示。

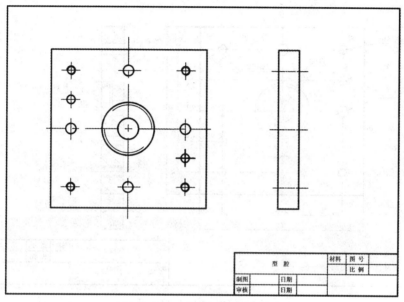

图 2-4-5 画出主要结构轮廓

（5）画出零件的次要部分的细节及剖切线位置，并在对应视图上画出剖切线，如图 2-4-6 所示。

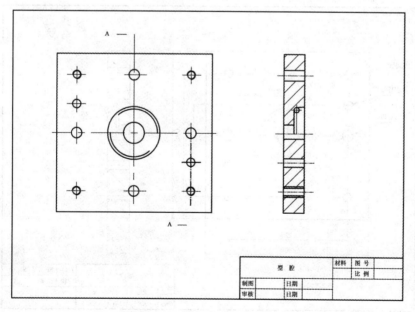

图 2-4-6 剖切视图、画剖切线

（6）选择尺寸基准，正确、完整、清晰、合理地标出全部尺寸，如图2-4-7所示。

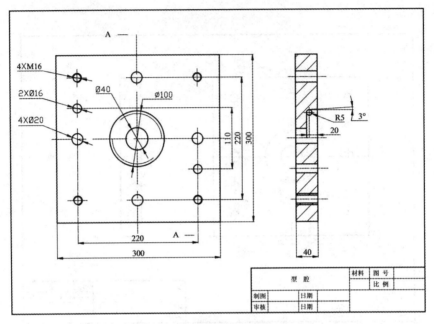

图2-4-7 标注全部尺寸

（7）标注尺寸公差、几何公差、表面粗糙度，拟定其他技术要求，填写标题栏，如图2-4-8所示。

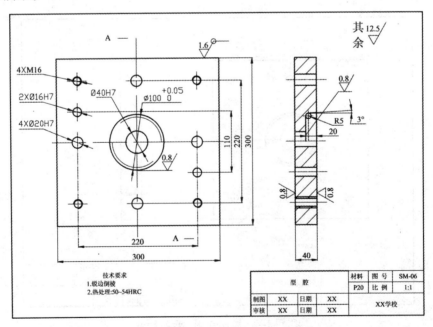

图2-4-8 标注公差及技术要求

4.绘制模具正规总装图

如图2-4-1所示端盖注射成形模具,根据其模具零件工作图及模具结构简图绘制模具正规总装图,其装配图绘制步骤见表2-4-2。

表2-4-2 端盖注射成形模具装配图绘制步骤

步骤	内容
1	考虑图面总体布局,绘制模具俯视图并按俯视图确定剖切位置
2	按剖切位置对应关系绘制出模具主视图
3	绘制装配图中的标准件(螺钉、销钉等),并画上剖面线
4	在主视图上绘制出各类零件的指引线并标上序号
5	在标题栏上绘制明细栏并按序号标上各类零件名称,完成标题栏及明细栏的填写
6	在主视图旁绘制注射件工件图(总装图的右上角)
7	在图纸右下方适当位置写出技术要求

注:零件图及装配图各步骤的绘制要求见项目一任务六及本任务"相关知识"部分。

(1)考虑图面总体布局,绘制模具俯视图并按俯视图确定剖切位置,如图2-4-9所示。

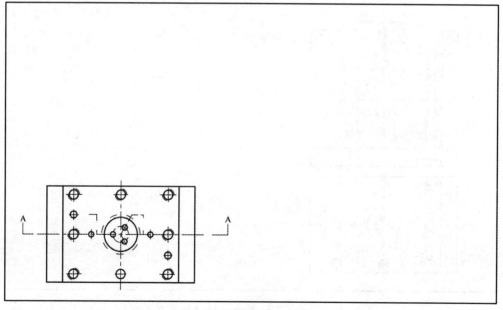

图2-4-9 绘制模具俯视图并确定剖切位置

（2）按剖切位置对应关系绘制出模具主视图，如图2-4-10所示。

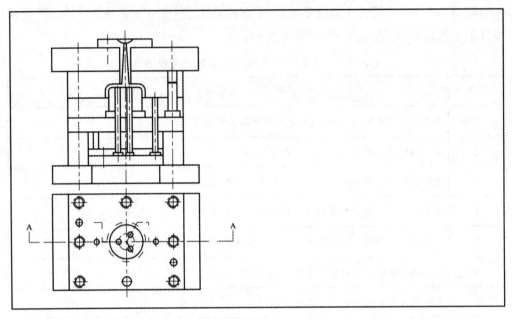

图2-4-10 绘制模具主视图

（3）绘制装配图中的标准件（螺钉、销钉等），并画上剖面线，如图2-4-11所示。

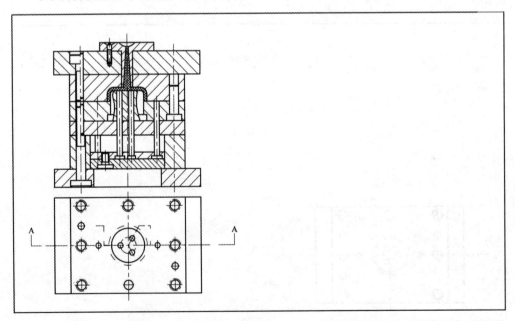

图2-4-11 绘制装配图中的标准件及剖面线

（4）在主视图上绘制出各类零件的指引线并标上序号，如图2-4-12所示。

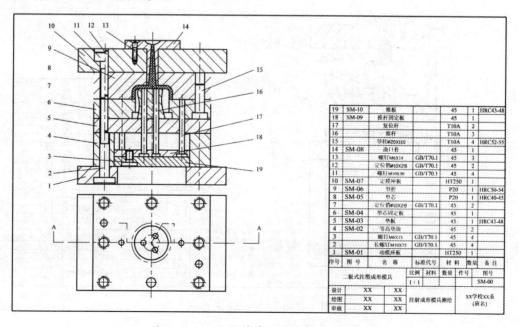

图2-4-12　绘制出各类零件的指引线并标上序号

（5）在标题栏上绘制明细栏并按序号标上各类零件名称，完成标题栏及明细栏的填写，如图2-4-13所示。

19	SM-10	推板		45	1	HRC43-48
18	SM-09	推杆固定板		45	1	
17		复位杆		T10A	2	
16		推杆		T10A	3	
15		导柱φ20X110		T10A	4	HRC52-55
14	SM-08	浇口套		45	1	
13		螺钉M6X14	GB/T70.1	45	3	
12		定位销φ10X28	GB/T70.1	45	1	
11		螺钉M10X30	GB/T70.1	45	4	
10	SM-07	定模座板		HT250	1	
9	SM-06	型腔		P20	1	HRC50-54
8	SM-05	型芯		P20	1	HRC40-45
7		定位销φ10X28	GB/T70.1	45	2	
6	SM-04	型芯固定板		45	1	
5	SM-03	垫板		45	1	HRC43-48
4	SM-02	等高垫块		45	2	
3		螺钉M6X15	GB/T70.1	45	4	
2		长螺钉M10X75	GB/T70.1	45	4	
1	SM-01	动模座板		HT250	1	
序号	图号	名称	标准代号	材料	数量	备注

二板式注塑成形模具　比例 1:1　材料　数量　件号　图号 SM-00

设计	XX	XX		
绘图	XX	XX	注射成形模具测绘	XX学校XX系
审核	XX	XX		（班名）

图2-4-13　绘制并填写标题栏及明细栏

(6)在主视图旁绘制注射件工件图(总装图的右上角),如图2-4-14所示。

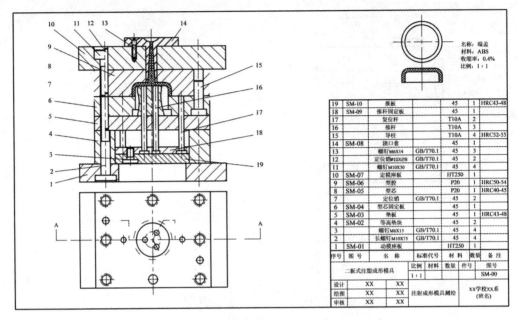

图2-4-14 绘制注工件图

(7)在图纸右下方适当位置写出技术要求,如图2-4-15所示。

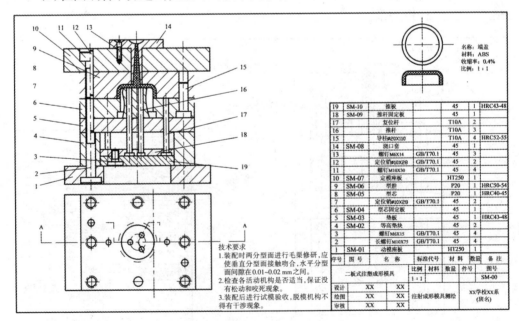

图2-4-15 写出技术要求

5.学生分组完成测绘任务

(1)绘图量的要求。

①装配草图和示意图(不上交)。

②装配图:1张(上交)。

③零件图:2张以上(上交)。

(2)绘图要求。

①对从典型注射成形模具中拆下的型芯、型腔等工作零件进行测绘。

②要求测量基本尺寸。

③技术要求。

尺寸公差、几何公差、表面粗糙度、材料、热处理等可参照同类型的生产图样或有关手册进行类比确定。

④测绘时间分配(表2-4-3)。

表2-4-3 测绘时间分配表

序号	内容	图纸	时间/天
1	布置测绘任务,分发绘图仪器,学习测绘注意事项,拆卸零部件		1.0
2	画出全部草图(标准件除外)		1.5
3	画出模具装配图	A1	2.0
4	画零件图	A3/A4	0.5
合计			5

相关知识

回顾项目一任务四模具测绘相关知识。

1.模具测绘要求

2.模具测绘的方法与步骤

3.模具零件草图的绘制要求

4.模具零件图绘制要点

(1)模具零件图绘制要求(表1-4-5)。

(2)注射成形模具常用材料的正确选用。

①选用原则。

在选择模具零件材料时,应该在能够满足性能要求和产品质量的前提下,尽可能选择价格低廉的材料,从而达到降低材料成本和加工成本的目的。

②注射成形模具常用材料及热处理方法,见表2-4-4。

表2-4-4 注射成形模具常用材料及热处理方法

零件名称	主要性能要求	材料名称	热处理方法	硬度
型腔板、主型芯、斜滑块及推板等	必须具有一定的强度,表面需耐磨,淬火变形要小,有的还需要耐腐蚀	45,45Mn,40MnB,40MnVB	调质	HRC28~33
		T8A,T10A	淬火加低温回火	HRC50~55
		3Cr2W8V	淬火加中温回火	HRC45~50
		9Mn2V,CrWMn,9CrSi2,Cr1210,15,20	淬火加低温回火	HRC55~60
		铸造铝合金,锻造铝合金,球墨铸铁	正火或退火	HRC≥180
定模固定板、动模固定板、底板、顶板、导滑条及模脚等	需一定的强度	45,45MnV2,40MnB,40MnV820,20,15,球墨铸铁,HT20-40	调质、正火(仅用于模脚)	HRC25~30
浇口套	表面耐磨、冲击强度要高,有时还需热硬性和耐腐蚀	T8A,T10A,9Mn2VCrWMn,9CrSi2,Cr12	淬火加低温回火	HRC55~60
斜导柱、导柱及导套等		20,20Mn2B	渗碳	HRC50~55
		T8A,T10A	表面淬火	HRC55~60
型销、顶出杆和拉料杆	需一定的强度和耐磨性	T8A,T10A	端部淬火加低温回火	HRC55~60
		45	端部淬火	HRC40~45
螺钉等		25,35,45	淬火加中温回火	HRC40左右

5.模具装配图绘制要点

(1)模具装配图的绘制要求(表1-4-10)。

(2)模具图常见的习惯画法。

(3)序号的注写形式(图1-4-20)。

(4)模具零件图标题栏样式(图1-4-21)。

(5)模具装配图明细表(图1-4-22)及标题栏(图1-4-23)样式。

任务评价

学生分组进行测绘,指导教师巡视学生测绘模具的全过程,发现测绘过程中不规范的方法要及时予以纠正,完成任务后及时按表2-4-5要求进行评价。

表2-4-5 测绘注射成形模具评价表

评价内容	评价标准	分值	学生自评	教师评估
任务准备	是否准备充分(酌情)	5分		
任务过程	基本熟悉模具测绘方法及流程,按时完成测绘任务	55分		
任务结果	图样整洁、规范、正确	20分		
出勤情况	无迟到、早退、旷课	10分		
情感评价	服从组长安排,积极参与,与同学分工协作;遵守安全操作规程;保持工作现场整洁	10分		

学习体会:

项目三 模具零件检测

现代制造业的"设计、制造、检测"三大环节中,检测也占有极其重要的地位。如何正确选择和使用常用量具、量仪(如下图所示),是保证模具零件质量的重要因素之一。由于模具零件的检测离不开量具的使用及检测结果的分析处理,所以本项目按照从简单量具到复杂量具的学习对模具常见零件的检测、数据分析处理进行学习。

常用量具、量仪

目标类型	目标要求
知识目标	(1)能描述模具零件内径、外径、角度及位置误差测量及量具维护保养方法 (2)能描述光学投影仪、工具显微镜使用方法 (3)能理解三坐标测量仪的基本构成、检测方法及检测报告 (3)能理解零件线性检测、二维及三维检测的评价方法
技能目标	(1)能识别常用量具、量仪 (2)能用线性测量量具检测模具尺寸 (3)能操作光学投影仪、工具显微镜、三坐标测量仪进行模具零件检测 (4)能根据测量数据评价模具零件是否合格
情感目标	(1)能遵守安全操作规程 (2)养成吃苦耐劳、精益求精的好习惯 (3)具有团队合作、分工协作精神 (4)能主动探索、寻找解决问题的途径

任务一 检测圆形凸模

 任务目标

(1)能识别模具零件检测常用量具、量仪及描述维护保养知识。

(2)根据冲裁圆形凸模零件的技术要求,选择合理的检测器具、制订合理的检测方案。

(3)能正确地使用游标卡尺、外径千分尺。

(4)能对零件的测量结果做出正确评价。

任务分析

测量图3-1-1所示圆形凸模零件直径和长度尺寸。

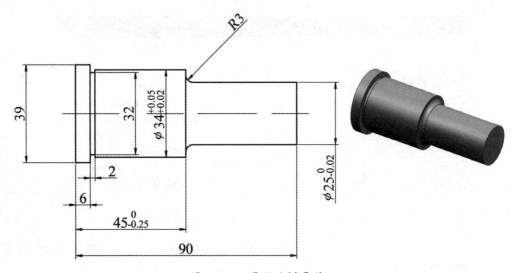

图3-1-1 圆形凸模零件

冲裁圆形凸模零件,是冲压模具中重要的工作零件,主要尺寸要求是长度和直径,其中精度要求较高的是刃口直径和与模板配合处直径,本任务主要是运用游标卡尺测量出一般长度和直径尺寸,用千分尺测量出精度较高尺寸。

任务实施

一、识别模具测量常用的量具、量仪

参观模具检测实验室,见习模具零件检测过程,初步认识模具零件检测过程中所使用的量具、量仪(如图3-1-2及3-1-3所示)的名称、分度值及功能,并填写表3-1-1。

图3-1-2 检测器具

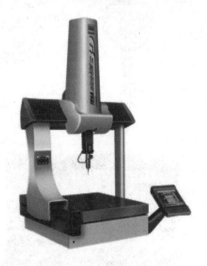

图 3-1-3 检测器具

表 3-1-1 常用量具、量仪的识别

量具、量仪的名称		分度值	功能
游标类			
测微类			
指示类			
量　仪			

二、任务准备

（1）参加检测的同学进行分组，每组6~10人。

（2）领取零件、测量所需的游标卡尺、千分尺等。

（3）熟悉零件尺寸，根据图纸尺寸考虑所有测量量具。

（4）准备记录纸、笔等工具。

三、任务实施

1. 测量步骤

（1）将被测零件表面擦干净。

（2）校对游标卡尺、千分尺零位。

（3）测量凸模长度及直径并读数、记录所测数据。

（4）测量完毕后将游标卡尺、千分尺复位，放入量具盒内。

2. 检测报告

将测量数据填入表3-1-2所示检测报告中，并进行数据处理。

表3-1-2　圆形凸模检测报告

零件名称			编号			成绩	
测量内容	选用量具		测量数据				测量结果
			x_1	x_2	x_3	平均值	
	名称	规格					

 相关知识

一、常用检测理论及量具、量仪的维护

1. 量具与量仪的分类

量具是指用来测量或检验零件尺寸的器具，结构比较简单。这种器具能直接指示出长度的单位、界限。如铸铁平板、铸铁直角尺、卡尺、千分尺、量块、刀口平尺等。

量仪是指用来测量零件或检定量具的仪器，结构比较复杂。它是利用机械、光学、气动、电动等原理，将长度单位放大或细分的测量器具。如气动量仪、电感式测微仪、立式接触干涉仪、测长仪和万能工具显微镜等。

量具、量仪按用途一般分为以下几类：

（1）标准量具。

标准量具是指测量时体现标准量的量具。其中，只体现某一固定量的称为定值标准量具，如基准米尺、量块、直角尺等；能体现某一范围内多种量值的称为变值标准量具，如线纹尺、多面棱体等。

（2）通用量具、量仪。

通用量具、量仪是指通用性较大，可用于测量某一范围内的各种尺寸（或其他几何量），并能获得具体读数值的计量器具，如游标卡尺、指示表、测长仪、万能工具显微镜、三坐标测量机等。

（3）专用量具、量仪。

专用量具、量仪是指专门用来测量某个或某种特定几何量的计量器具，如圆度仪、齿距检查仪、丝杠检查仪、量规等。

2. 测量单位

为保证测量结果的准确性，在测量过程中必须要求测量单位统一。我国法定的长度测量单位为米（m），平面角的角度单位为弧度（rad）及度（°）、分（′）、秒（″）。

（1）米制长度计量单位的名称及符号。

通常，在机械制造中的长度以毫米（mm）为计量单位，在精密计量中以微米（μm）为计量单位。有关长度计量单位的名称、符号及换算关系见表3-1-3。

表3-1-3　长度计量单位的名称、符号及换算关系

单位名称	米	分米	厘米	毫米	忽米（丝）	微米
单位符号	m	dm	cm	mm	cmm	μm
与主单位米的关系	主单位	10^{-1}m	10^{-2}m	10^{-3}m	10^{-5}m	10^{-6}m

（2）角度计量单位的名称及符号。

角度的计量单位常用弧度（rad）及度（°）、分（′）、秒（″）。

整个圆周所对应的圆心角=360°角度=2π（弧度）。

$1° = 0.0174533$ rad；$1° = 60′$；$1′ = 60″$。

（3）米制、英制和市制长度单位的换算。

①英制长度单位的主单位是码（yd），常用的计量单位有英尺（ft或′）、英寸（in或″）。机械生产中的管子直径常用英寸为计量单位。

1码=3英尺；1英尺=12英寸；1英寸=25.4 mm。

②我国的市制长度单位是市里、市丈、市尺、市寸、市分等，它们之间的关系是：

1市里=150市丈;1市丈=10市尺;1市尺=10市寸;1市寸=10市分;1千米=2市里;1米=3市尺。

3. 检测常用术语

(1)刻度值:量具主、副尺上相邻两条刻线间的距离。

(2)读数值:量具副尺上每格与主尺上相应格数的距离之差的绝对值。

(3)指示范围:指量具刻线尺或刻度盘上全部刻度所代表被测尺寸的数值。例如,千分尺的指示范围一般为25 mm。

(4)测量范围:指量具所能测出被测尺寸的最大与最小值。例如,千分尺的测量范围有0~25 mm、25~50 mm、50~75 mm等。

(5)示值误差:指量具指示值与被测尺寸实际数值之差。

4. 测量数字位数的选择

(1)使用仪器时读数。

一般按仪器的最小分度值读数,如果需要作进一步计算,则应在最小分度值取后再估读一位。

(2)计算过程中测量数字位数的选择。

①单一运算中的选择法。

单一运算是指只需做一种加或减、乘或除、开方或乘方的运算。

第一,小数的加减运算。

十个以内的数进行加减运算时,小数位数较多的测量数字所应保留的数字应比小数位数最少的测量数字多一位,其余数字均可舍去。计算结果中的数字,位数取各数中小数位最少的位数。

第二,小数的乘除运算。

在两个测量数字相乘或相除时,有效位数较多的测量数字所应保留的数字应比有效位数较少的测量数字多保留一位。计算结果中的数字,从第一个不是零的数字起,位数取两数中小数位最少的位数。

第三,小数开方或乘方的运算。

小数开方或乘方时,计算结果中的数字,从第一个不是零的数字起,位数取两数中小数位最少的位数。

②同时做几种运算中的选择法。

在检测过程中,常要做几种数学运算。这时,需要做中间计算的数字,应保留的位数比单一运算保留的数字多一位。

(3)数字取舍法。

确定了数字保留的位数后,对原有数字采取"四舍五入"法。

①当被舍数字的第一位数小于5时,舍去。

②当被舍数字的第一位数大于5时,舍5进1。

③当被舍数字的第一位数等于5时,若保留的数字末一位为奇数,舍5进1,若保留的数字末一位为偶数,只舍不进。

5.选用量具的基本原则

在测量时选用量具既要考虑生产的需要,又要考虑经济问题,使之合理地反映工件的实际尺寸。在选用量具时,必须遵守以下两个原则:

(1)所选的量具的测量范围必须满足工件尺寸的要求。

(2)所选的量具的测量精度必须满足工件尺寸精度的要求。

6.量具、量仪的维护

一般来说,机械行业中的量具、量仪都比较精密,价格昂贵。我们应该严格按一定的操作规程进行使用及维护,操作不当,会直接导致测量不准确,缩短量具、量仪的使用寿命,增加生产成本。

常用量具、量仪的维护应遵循以下几点:

(1)量具、量仪使用前的准备。

①开始量测前,确认量具、量仪是否归零。

②检查量具、量仪量测面有无锈蚀、磨损或刮伤等。

③先清除工件测量面之毛边、油污或渣屑等。

④用精洁软布或无尘纸擦拭干净量具、量仪。

⑤需要定期检验记录簿,必要时再校正一次。

⑥将待使用的量具、量仪整齐排列至适当位置,不可重叠放置。

⑦易损的量具、量仪,要用软绒布或软擦拭纸铺在工作台上(如:光学平镜等)。

(2)量具、量仪使用时应注意事项。

①测量时与工件接触应适当,不可偏斜,要避免用手触及测量面,保护量具、量仪。

②测量力应适当,过大的测量压力会产生测量误差,容易对量具、量仪有损伤。

③工件的夹持方式要适当,以免测量不准确。

④不可测量转动中的工件,以免发生危险。

⑤不要将量具、量仪强行推入工件中或夹虎钳上使用。

⑥不可任意敲击、乱丢或乱放量具、量仪。

⑦特殊量具、量仪,应遵照一定的方法和步骤来使用。

(3)量具、量仪使用后的保养。

①使用后,应清洁干净。

②将清洁后的量具、量仪涂上防锈油,存放于柜内。

③拆卸、调整、修改及装配等,应由专门管理人员实施,不可擅自施行。

④应定期检查储存量具、量仪的性能是否正常,并做成保养记录。

⑤应定期检验,校验尺寸是否合格,以作为继续使用或淘汰的依据,并做成校验保养记录。

二、游标卡尺的使用

游标卡尺可以用来测量内表面、外表面、深度,其结构如图3-1-4所示。

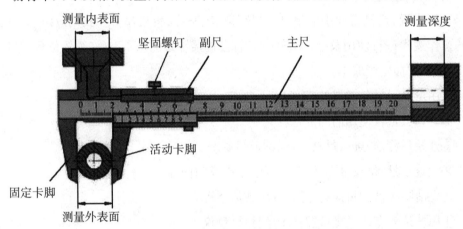

图3-1-4 游标卡尺结构图

1.游标卡尺的读数原理与读法

(1)读数原理。

游标卡尺读尺寸部分主要由主尺和副尺(游标)组成,原理是利用主尺刻线间距与游标刻线间距差进行读小数的。游标卡尺按其所能测量的精度可分:0.10 mm、0.05 mm、0.02 mm三种。这三种游标卡尺的主尺的刻线间距是相同的,每格1 mm,副尺的刻线间距不同。因此,主、副尺每格的差值也就不同,如0.1 mm游标卡尺:

主尺每格1 mm,当两量爪合并时,主尺上的9格刚好等于副尺上的1格,则副尺每格=9÷10＝0.9 mm。

主尺与副尺每格相差 1–0.9 = 0.1 mm。

其他两种游标卡尺原理类似,同学们可以自己查阅相关书籍,总结出来。

(2)游标卡尺的读数方法。

游标卡尺是以游标的零刻线为基准进行读数的,其方法如下:

①读出游标零刻线左边所示的主尺上刻线的整数(图3–1–5中为21 mm)。

②观察游标上零刻线右边第几条刻线与主尺上某一条刻线对齐,将游标上读得的刻线条数乘该尺的读数值(0.1 mm或者0.05 mm或0.02 mm),即为小数(图3–1–5中为0.02×11 = 0.22 mm)。

③将整数与小数相加,即得被测工件的测量尺寸(图3–1–5中为21 + 0.22=21.22 mm)。

游标卡尺读数实例如下:

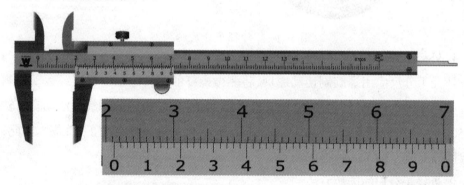

图3–1–5　0.02 mm游标卡尺读数方法

2.使用游标卡尺注意事项

(1)测量前,要将卡尺的测量面用软布擦干净,卡尺的两个量爪用透光法检查是否合拢,量爪合拢后,游标零线应与尺身零线对齐。

(2)测量时,应使量爪轻轻接触被测表面,且要求尺身与被测面垂直。如图3–1–6所示测量外形尺寸时测量歪斜,使测量不准。

(3)读数时,视线应与尺身表面垂直,避免产生视觉误差。

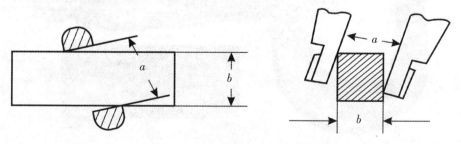

图3–1–6　用游标卡尺测量外形尺寸时歪斜

三、外径千分尺的使用

千分尺是机械制造中常用的精密量具,其测量精度为0.01 mm。外径千分尺用来测量零件的外形尺寸,图3-1-7所示是0～25 mm外径千分尺的结构。

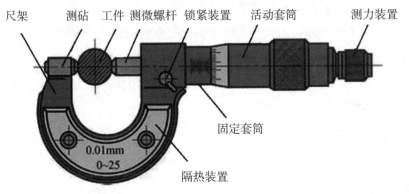

图 3-1-7 外径千分尺结构

1.外径千分尺的工作原理

外径千分尺应用螺旋副传动原理,将测微螺杆的回转运动变成直线运动。测微螺杆的螺距为0.5 mm,活动套筒(微分筒)的外圆周上有50等分刻线。活动套筒转一周(50格),测微螺杆移动0.5 mm,活动套筒转一格,测微螺杆移动0.01 mm。因此,千分尺的分度值为0.01 mm。

2.外径千分尺的读数方法

(1)读出固定套筒上的刻度值,包括整毫米数及半毫米数(图3-1-8中为10.5)。

(2)找出活动套筒上哪条刻线与固定套筒上轴向基准刻线对齐,将活动套筒上读得的刻线条数乘以0.01即为小数(图3-1-8中为36×0.01 = 0.36 mm)。

(3)把固定套筒上的刻度值与活动套筒上的刻度值相加,即为测得的实际尺寸(图3-1-8所示为10.5 + 0.36 = 10.86 mm)。

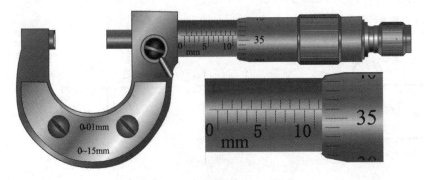

图 3-1-8 外径千分尺的读数方法

3.使用外径千分尺的注意事项

(1)使用前必须校对零位。对于测量范围大于25 mm的千分尺,应在两测量面间安放尺寸为其测量下限的调整量具后进行比较。

(2)使用时,一般用手握住隔热装置,以免产生由于手的传热引起千分尺的尺寸变化。

(3)千分尺的两测量面与工件即将接触时,要使用测力装置,不能转动微分筒。

(4)注意测量面和被测量面的接触情况,如图3-1-9所示。

(5)只能在静态下对工件进行测量。

(6)在一般情况下,应使千分尺与被测工件具有相同温度。

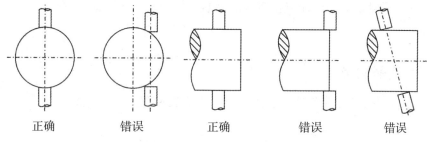

图3-1-9 外径千分尺的使用方法

任务评价

学生分组进行检测,指导教师巡视学生检测零件的全过程,发现检测过程中不规范方法要及时予以纠正,并及时填写如表3-1-4所示学生检测评价表。

表3-1-4 检测圆形凸模评价表

评价内容	评价标准	分值	学生自评	教师评估
任务准备	是否准备充分(酌情)	5分		
任务过程	操作步骤合理;能正确选用、规范使用及摆放量具;及时完成测量任务	55分		
任务结果	及时记录测量数据并进行分析,测量数值的正确性	20分		
出勤情况	无迟到、早退、旷课	10分		
情感评价	服从组长安排,积极参与,与同学分工协作;遵守安全操作规程;保持工作现场整洁	10分		
学习体会:				

任务二 检测主轴

 任务目标

（1）能根据主轴零件的技术要求，制订合理的测量方案。

（2）能按照零件技术要求选择合理的检测器具，并能正确地使用检测器具。

（3）能对零件的测量结果做出正确的判断。

 **任务分析**

测量图3-2-1所示主轴零件长度、直径、键槽长和宽及跳动误差。

图3-2-1 主轴

注射模中的主轴主要用于抽芯机构中，主轴旋转带动型芯旋转或者其他抽芯机构零件（如齿轮）等旋转，达到抽芯的目的，其跳动误差会造成传动不稳定。通过分析其技术要求可以发现，其检测除了用游标卡尺测量长度，用外径千分尺测量外径以外，还要求能运用内径千分尺测量键槽长度、宽度,用偏摆仪和百分表测量跳动误差。

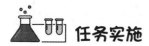 **任务实施**

一、任务准备

(1)参加检测的同学进行分组,每组6~10人。

(2)领取零件、测量所需的游标卡尺、外径千分尺、内径千分尺和偏摆仪等量具。

(3)熟悉零件尺寸,根据图纸尺寸分析该用哪种量具测量。

(4)准备记录纸、笔等工具。

二、任务实施

1.测量步骤

(1)将被测主轴表面擦干净。

(2)清理、检测、校对游标卡尺,测量主轴长度尺寸,并记录数据,测量完后将游标卡尺复位(若不能复位,需重测数据),整理好后放入量具盒内。

(3)清理外径千分尺并校对零位,选取主轴多处截面进行测量,反复几次,记录数据,取平均值,得出外径测量结果。

(4)清理内径千分尺并校对零位,测量主轴键槽长度和宽度并记录数据。

(5)检查主轴顶尖孔,擦干净顶尖孔,使顶尖孔内没有毛刺和脏污,将主轴安装在偏摆仪的两顶尖间,如图3-2-2所示。用百分表测量图纸上要求跳的公差处的跳动误差(如图3-2-3),并读数和记录数据。测量完毕后将百分表等量具复位,放入量具盒内,并从偏摆仪上卸下主轴工件。

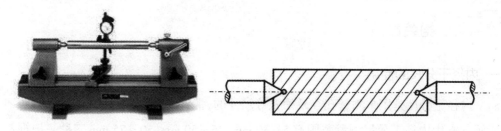

图 3-2-2 偏摆仪及主轴安装示意图

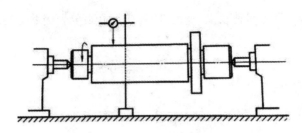

图 3-2-3 主轴跳动误差测量

2.检测报告

将测量数据填入表3-2-1所示检测报告中,并进行数据处理。

表3-2-1 主轴检测报告

零件名称			编号			成绩	
测量内容	选用量具		测量数据				测量结果
			x_1	x_2	x_3	平均值	
	名称	规格					

 相关知识

一、内径千分尺的使用

内径千分尺是用来测量孔径及槽宽等尺寸的,常见的内径千分尺结构如图3-2-4所示。常用内径千分尺测量范围有5~30 mm、25~50 mm、50~75 mm三种。根据本任务零件尺寸要求,选用5~30 mm的内径千分尺进行测量。

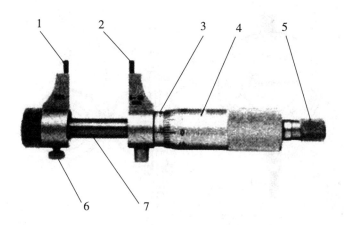

1-固定测头;2-活动测头;3-固定套筒;4-微分筒;5-测量装置;6-锁紧装置;7-螺钉

图3-2-4 内径千分尺结构

内径千分尺的刻线原理和读数方法和外径千分尺的方法类似,只是固定套筒上的刻度值与外径千分尺相反,另外它的测量方向和读数方向也与外径千分尺相反(如图3-2-5)。

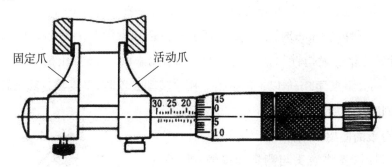

图3-2-5 内径千分尺的使用

检测键槽长度和宽度时,固定测头与被测表面接触,摆动活动测头的同时,转动微分筒,使活动测头在正确位置上与被测工件接触,即可以在内径千分尺上读数了。所谓正确位置是指测量两平行平面距离时,应测最小值;测量内径时,轴向找最小值,径向找最大值。离开工件读数前,应用锁紧装置将螺杆锁紧,再进行读数。

二、百分表的使用

百分表主要用于校正工件的安装位置,检验零件的几何尺寸及相互位置偏差以及工件的内径,是一种指示量具,常用的是钟面式百分表。

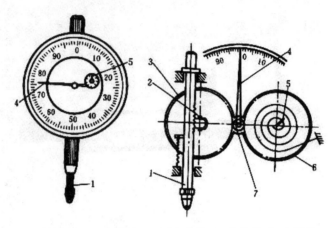

1-测量杆;2,7-小齿轮;3,6-大齿轮;4-大指针;5-小指针

图3-2-6 百分表及其传动系统

1.百分表的结构和刻线原理

百分表的结构和刻线原理如图3-2-6所示。百分表有大指针4和小指针5,大指针刻度盘的圆周上有100个等分格,小指针刻度盘的圆周上有10个等分格。当测量杆1向上或向下移动1 mm时,通过测量杆上的齿条和齿轮2、3、7、6带动大指针转一周,小指针转一格。大指针每格读数为0.01 mm,用来读1 mm以下的数值;小指针每格读数为1 mm,用来读1 mm以上的数值。用手转动表盖时,刻度盘也随之转动,可使指针对准刻度盘上的任一刻度。

2.百分表的使用

(1)测量时,先将表头与测量面接触,并使大指针转过一圈,然后把表夹紧,并转动表盖将大指针指到零位,如图3-2-7所示。

(2)百分表大指针对零以后,应轻轻提起测量杆几次,检测测量杆的灵活性,检测指针的指示是否稳定。

(3)测量前,应先擦净量头及被测表面。测量平面时,百分表的测量杆应与平面垂直;测量圆柱形零件时,测量杆应与零件的中心线垂直,如图3-2-8所示。

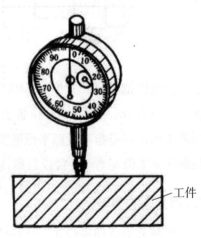

图3-2-7 百分表的调整

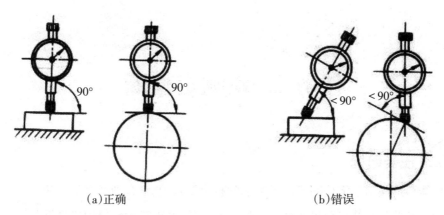

(a)正确　　　　　　　　　　　(b)错误

图3-2-8 百分表的测量

（4）测量时,转动工件或移动百分表并观察指针的摆动。测得的百分表指针摆动值,就是被测零件的误差值。

任务评价

学生分组进行检测,指导教师巡视学生检测零件的全过程,发现检测过程中不规范方法要及时予以纠正,并及时填写如表3-2-2所示学生检测评价表。

表3-2-2 检测主轴评价表

评价内容	评价标准	分值	学生自评	教师评估
任务准备	是否准备充分(酌情)	5分		
任务过程	操作步骤合理;能正确选用、规范使用及摆放量具;及时完成测量任务	55分		
任务结果	及时记录测量数据并进行分析,测量数值的正确性	20分		
出勤情况	无迟到、早退、旷课	10分		
情感评价	服从组长安排,积极参与,与同学分工协作;遵守安全操作规程;保持工作现场整洁	10分		
学习体会:				

任务三 检测定位圈

 任务目标

(1)能根据注射模定位圈零件图纸上的技术要求,制订合理的测量方案。

(2)能按照零件技术要求选择合理的检测器具,并能正确地使用检测器具。

(3)能对零件的测量结果做出正确的判断。

 **任务分析**

检测图3-3-1所示注射模具定位圈的长度、外径尺寸、平行度误差和同轴度误差。

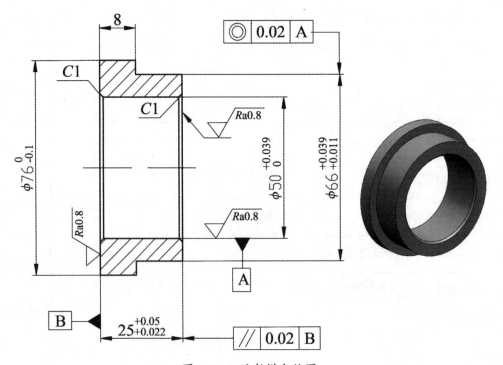

图3-3-1 注射模定位圈

本任务除了能用外径千分尺测量外圆直径,用内径百分表检测内孔尺寸以外,还要求能运用百分表测量平板、"V"形块等测量工具检测零件的平行度误差和同轴度误差。

 **任务实施**

一、任务准备

(1)参加检测的同学进行分组,每组6~10人。

(2)熟悉零件尺寸,根据图纸尺寸分析、制订测量方法。

(3)领取被测零件、所需游标卡尺、外径千分尺、百分表、内径百分表和磁性表座心轴等测量工具。

(4)准备记录纸、笔等工具。

二、任务实施

1. 测量步骤

(1)将被测定位圈零件表面和所用量具、平板、心轴等测量工具擦干净。

(2)检查、校对各量具。

(3)用外径千分尺测量零件长度,反复测量几次,并记录数据,取平均值。测量完后将外径千分尺复位(若不能复位,需重测数据),整理好后放入量具盒内。

(4)用内径百分表测量零件内孔尺寸,反复测量几次,并记录数据,取平均值。测量完后将内径百分表放入量具盒内。

(5)用测量平板、百分表和磁性表座测量零件平行度误差。

(6)用测量平板、"V"形块、百分表、磁性表架和心轴测量同轴度误差。

2. 检测报告

将测量数据填入表3-3-1所示检测报告中,并进行数据处理。

表3-3-1 定位圈检测报告

零件名称			编号			成绩	
测量内容	选用量具		测量数据				测量结果
			x_1	x_2	x_3	平均值	
	名称	规格					

相关知识

一、内径百分表结构及使用

内径百分表外形如图3-3-2(a)所示,它是用来测量深孔或深沟槽底部尺寸的。其结构如图3-3-2(b)所示。

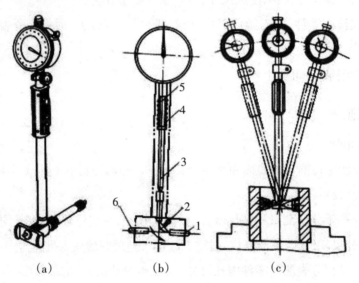

(a)　　　　　　　(b)　　　　　　　(c)

1,5-测量杆;2-摆块;3-活动杆;4-弹簧;6-可换测头

图3-3-2　内径百分表的测量方法

用内径百分表测量内孔时如图3-4-2(c)所示,首先调换可换测头,使可换测头与测量杆之间的距离等于孔径的基本尺寸,然后将百分表对零(应使表有半圈压缩量)。对表时,应与外径千分尺配合。将测量杆放入被测孔中,使测量杆稍作摆动,找到轴向最小值和圆周方向最大值,此值就是工件的直径。测量结果的判断方法是,如果指针正好指零刻度线,说明孔径等于被测孔基本尺寸;如果指针顺时针偏离零刻度线,则表明被测孔径小于基本尺寸;如果指针逆时针偏离零位,则表示被测孔径大于基本尺寸,并判断是否超出公差。

二、用百分表测量平行度误差的方法

零件平行度误差的检测通常采用百分表进行。测量时,需要将百分表安装在磁力表座上(图3-3-3),然后将磁力表座和工件放置与测量平台上(图3-3-4)进行检测。

图 3-3-3 磁力表座　　　　　　　　　图 3-3-4 测量平台

　　检测平行度时,安装好表座,调节表架、百分表,百分表的测量头要垂直于被测表面,且百分表的指针压上半圈以上,转动调节指针指零(如图 3-3-5),在测量平台上多方向移动磁力表座,观察百分表指针摆动情况,其最大与最小读数之差值,即为平行度误差。

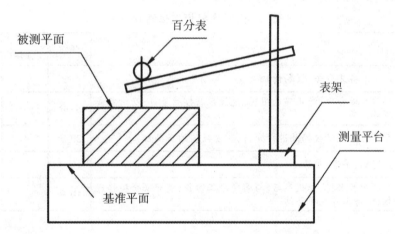

图 3-3-5 平行度误差的检测示意图

三、同轴度误差检测方法

　　将圆柱形工件装夹在"V"形块上(套类工件需要先将工件心轴上),压上压板,压紧螺钉,如图 3-3-6 所示。把百分表固定在工作台上,调整百分表触头,使其垂直于被测工件的轴线,并轻轻压住被测零件的外圆柱面。转动百分表表圈,使指针对准零位刻度线,慢慢转动被测零件,观察百分表指针是否左右偏摆,左右偏摆的最大值与最小值之差,即为被测零件的同轴度误差。再转动零件,按上述方法测得若干个截面,取各截面测得的读数差中的最大值(绝对值)作为该零件的同轴度误差。

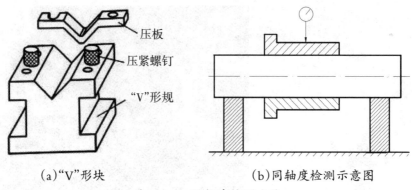

（a）"V"形块   （b）同轴度检测示意图

图3-3-6 同轴度检测方法

任务评价

　　学生分组进行检测，指导教师巡视学生检测零件的全过程，发现检测过程中不规范方法要及时予以纠正，并及时填写如表3-3-2所示学生检测评价表。

表3-3-2 检测注射模定位圈评价表

评价内容	评价标准	分值	学生自评	教师评估
任务准备	是否准备充分合理(酌情)	5分		
任务过程	操作步骤合理；能正确选用、规范使用及摆放量具；及时完成测量任务	55分		
任务结果	及时记录测量数据并进行分析,测量数值的正确性	20分		
出勤情况	无迟到、早退、旷课	10分		
情感评价	服从组长安排,积极参与,与同学分工协作；遵守安全操作规程；保持工作现场整洁	10分		
学习体会：				

任务四 检测浇口套

 任务目标

（1）能根据浇口套零件图纸上的技术要求，制订合理的测量方案。

（2）能按照零件技术要求选择合理的检测器具，并能正确地使用检测器具。

（3）能对零件的测量结果做出正确的判断。

 任务分析

检测图3-4-1所示浇口套零件的长度、直径、同轴度误差和表面粗糙度。

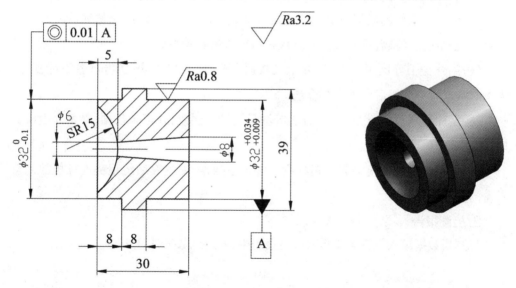

图3-4-1 浇口套零件图

本任务将继续使用游标卡尺、外径千分尺测量长度、直径尺寸；用测量平板、"V"形块、百分表及磁性表架测量同轴度误差；用表面粗糙度样板测量零件的粗糙度。

任务实施

一、任务准备

(1)参加检测的同学进行分组,每组6～10人。

(2)熟悉零件尺寸,根据图纸尺寸分析制订测量方案。

(3)领取零件、测量所需的游标卡尺、外径千分尺、百分表、"V"形块和磁性表座等量具。

(4)准备记录纸、笔等工具。

二、任务实施

1.测量步骤

(1)将被测浇口套表面擦干净。

(2)清理、检测、校对游标卡尺、千分尺、百分表和磁力表座等测量工具。

(3)用游标卡尺测量浇口套所有长度尺寸、直径,并记录数据,测量完后将游标卡尺复位(若不能复位,需重测数据),整理好后放入量具盒内。

(4)用外径千分尺测量直径,并记录数据,测量完后将千分尺复位(若不能复位,需重测数据),整理好后放入量具盒内。

(5)用测量平板、"V"形规、百分表等测量同轴度误差,并记录数据,测量完后将所用量具整理好,放入量具盒内。

(6)用粗糙度样板检测表面粗糙度。并记录数据,测量完后将粗糙度样板放入量具盒内。

2.检测报告

将测量数据填入表3-4-1所示检测报告中,并进行数据处理。

表3-4-1 浇口套检测报告

零件名称			编号			成绩	
测量内容	选用量具		测量数据				测量结果
			x_1	x_2	x_3	平均值	
	名称	规格					

相关知识

表面粗糙度的检测方法

注射模具浇口套的粗糙度可以选用表面粗糙度样板(图3-4-2)进行比较检测。当测量结果发生争议时,可采用表面粗糙度专用仪器由专业计量人员进行评价。检测表面粗糙度时要注意:表面粗糙度样板和被测零件表面应具有相同的加工方法、相同或相近的表面物理特征(如表面加工纹理、色泽、形状等)。

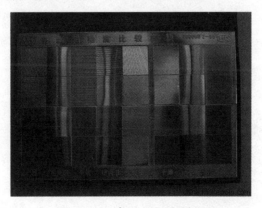

图3-4-2 表面粗糙度样板

 **任务评价**

　　学生分组进行检测,指导教师巡视学生检测零件的全过程,发现检测过程中不规范方法要及时予以纠正,并及时填写如表3-4-2所示学生检测评价表。

表3-4-2　检测浇口套评价表

评价内容	评价标准	分值	学生自评	教师评估
任务准备	是否准备充分(酌情)	5分		
任务过程	操作步骤合理;能正确选用、规范使用及摆放量具;及时完成测量任务	55分		
任务结果	及时记录测量数据并进行分析,测量数值的正确性	20分		
出勤情况	无迟到、早退、旷课	10分		
情感评价	服从组长安排,积极参与,与同学分工协作;遵守安全操作规程;保持工作现场整洁	10分		
学习体会:				

任务五 检测落料凹模

 任务目标

(1)能根据冲裁模落料凹模零件图纸上的技术要求,制订合理的测量方案。

(2)能按照零件技术要求选择合理的检测器具,并能正确地使用检测器具。

(3)能对零件的测量结果做出正确的判断。

 **任务分析**

检测图3-5-1所示冲裁落料凹模的长、宽、高尺寸,两销钉定位孔尺寸,垂直度、对称度公差及凹模型孔尺寸。

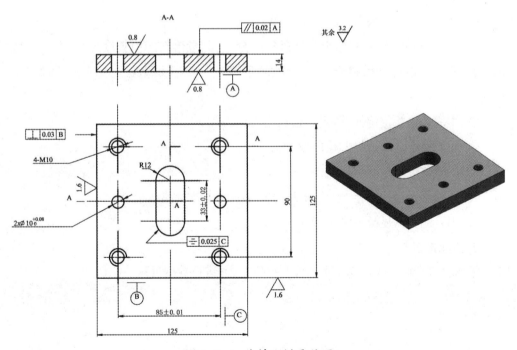

图3-5-1 落料凹模零件图

本任务将继续使用游标卡尺、外径千分尺测量长度尺寸;用内径千分尺测量凹模内孔宽度与长度;用测量平板、"V"形块、百分表及磁性表架测量对称度误差;用直角尺测量垂直度误差,并且还需用万能工具显微镜测量型孔尺寸。

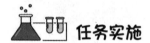 **任务实施**

一、任务准备

(1)参加检测的同学进行分组,每组6～10人。

(2)领取零件、测量所需的游标卡尺、外径千分尺、内径千分尺、"V"形规、百分表、磁性表架、直角尺及万能工具显微镜等量具。

(3)熟悉零件尺寸,根据图纸尺寸分析该用哪种量具测量。

(4)准备记录纸、笔等工具。

二、任务实施

1.测量步骤

(1)将被测落料凹模零件表面擦干净。

(2)清理、检测、校对游标卡尺和外径千分尺,测量落料凹模长度尺寸,并记录数据,测量完后将游标卡尺和千分尺复位(若不能复位,需重测数据),整理好后放入量具盒内。

(3)用塞规检验定位孔,测定定位孔中心距。

(4)用内径千分尺测量凹模的宽度与长度。

(5)用直角尺测量垂直度误差。

(6)用测量平板、"V"形规、百分表、磁性表架测量对称度误差。

(7)用万能工具显微镜测量型孔尺寸。

2.检测报告

将测量数据填入表3-5-1所示检测报告中,并进行数据处理。

表3-5-1 落料凹模检测报告

零件名称			编号				成绩	
测量内容	选用量具		测量数据					测量结果
			x_1	x_2	x_3	平均值		
	名称	规格						

相关知识

一、中心距的测量方法

本任务中,凹模的定位孔是两个尺寸$\Phi 10^{+0.08}_{0}$ mm的孔,其中心距为85 ± 0.01 mm。测量中心距时,首先用H7塞规对孔进行检验,然后用两根$\Phi 10$ mm的芯棒分别插入两孔中,用外径千分尺间接测量两定位孔的中心距(如图3-5-2所示)。

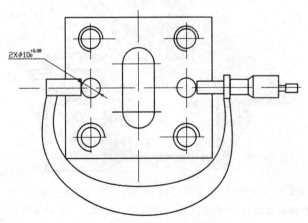

图3-5-2 测量定位孔中心距

二、对称度的测量

本模具凹模零件对称度公差要
求为0.025 mm，测量基准为定位孔中
心线。测量时，将芯棒分别插入两个
$\Phi 10^{+0.08}_{0}$ mm的定位孔中，放入一对等
高的"V"形规中(如图3-5-3)。调节
磁性表架，使百分表的测量头垂直于

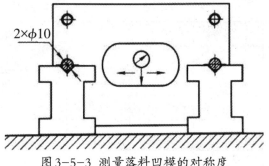

图3-5-3 测量落料凹模的对称度

被测面，且百分表的指针压半圈以上，然后转动表圈，让指针指到零刻度线。移动磁
性表座在整个被测表面上进行测量，并要求磁性表座的位移量必须大于20 mm。计算
表指针偏移的最大值与最小值之差，即为所测对称度误差。注意，测量需要翻转工
件，测量另外一面的对称度误差，将两面测量的数据值取平均值。

三、用万能工具显微镜测量型孔尺寸

万能工具显微镜(图3-5-4)是机械制造业、电子制造业、计量院所广泛使用的一
种多用途计量仪器。可以用来测量量程内的各种零件的尺寸、形状、角度和位置。仪
器采用光栅数显技术对测量数据进行数据处理，可使用影像法、轴切法、接触法和双
光束干涉条纹法等多种方法进行测量。现在介绍用接触法测量本任务中定位孔中心
距、型孔长度和宽度的测量方法。

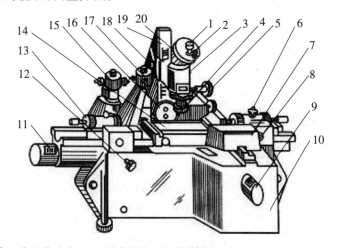

1-目镜;2-角度示值目镜及光源;3-锁紧螺钉;4-镜筒;5-立柱倾斜手轮;6-顶尖;7-纵向滑台;8-
纵向滑台锁紧轮;9-纵向微调;10-底座;11-横向微调;12-横向滑台锁紧轮;13-横向滑台;14-工
作台;15-横向标尺;16-光阑;17-纵向标尺;18-升降手轮;19-立柱;20-米字线旋转手轮

图 3-5-4 万能工具显微镜

(1)将光学灵敏杠杆测头伸进型孔内(图3-5-5),然后调整仪器的纵、横向滑板,使测头接触到被测型孔左孔壁,并位于孔的直径方向(图3-5-6),其标志是调整横向滑板,使纵向示值达到折返点(出现最大值或最小值)。保持横向示值不变,微动纵向滑板,使目镜中三对双刻线(对称)套住米字线的实线(图3-5-7),并读取纵向第一次读数(记录)。

(2)调整测量力转换环,改变测量方向。移动仪器的纵、横向滑板,使测头接触被测型孔左右孔壁,调整测头处于垂直位置,并读取纵向第二次读数(记录)。

(3)把第一次读数与第二次读数之差作为型孔长度。

(4)把测头移动到型孔宽度的被测位置,锁紧X轴,微动横向滑板。型孔宽度测量

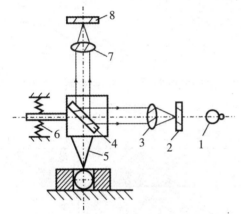

1-光源;2-物镜分划板;3-物镜;4-反射镜;
5-测杆;6-弹簧;7-目镜;8-目镜分划板

图 3-5-5 测量装置简图

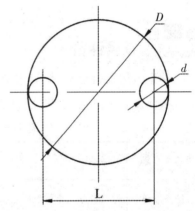

图 3-5-6 测头接触被测型孔左右孔壁示意图

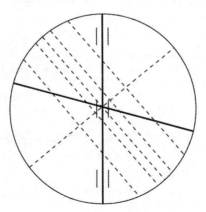

图 3-5-7 分划板示意图

的方法同长度测量。

（5）将光学灵敏杠杆测头伸进左边的定位孔内，在 X 轴方向的左边顶点进行第一次读数（记录），将测头退出被测孔后，移动工作台。将测头伸进右边的定位孔内，在 X 轴方向的左边顶点进行第二次读数（记录）。把第一次读数和第二次读数之差作为定位孔中心距 L_1。

（6）将光学灵敏杠杆测头伸进左边的定位孔内，在 X 轴方向的右边顶点进行第一次读数（记录），将测头退出被测孔后，移动工作台。将测头伸进右边的定位孔内，在 X 轴方向的右边顶点进行第二次读数（记录）。把第一次读数和第二次读数之差作为定位孔中心距 L_2。

（7）将 $L=(L_1+L_2)/2$ 作为 $\Phi 10$ mm 定位孔中心距。

任务评价

学生分组进行检测，指导教师巡视学生检测零件的全过程，发现检测过程中不规范方法要及时予以纠正，并及时填写如表3-5-2所示学生检测评价表。

表3-5-2 检测落料凹模评价表

评价内容	评价标准	分值	学生自评	教师评估
任务准备	是否准备充分(酌情)	5分		
任务过程	操作步骤合理；能正确选用、规范使用及摆放量具；及时完成测量任务	55分		
任务结果	及时记录测量数据并进行分析,测量数值的正确性	20分		
出勤情况	无迟到、早退、旷课	10分		
情感评价	服从组长安排,积极参与,与同学分工协作；遵守安全操作规程；保持工作现场整洁	10分		
学习体会：				

任务六 检测型芯

任务目标

(1)能根据注射模型芯零件图纸上的技术要求,制订合理的测量方案。

(2)能按照零件技术要求选择合理的检测器具,并能正确地使用检测器具。

(3)能对零件的测量结果做出正确的判断。

任务分析

测量图3-6-1所示注射模型芯的长度、中心距、半径或直径、角度及平行度误差。

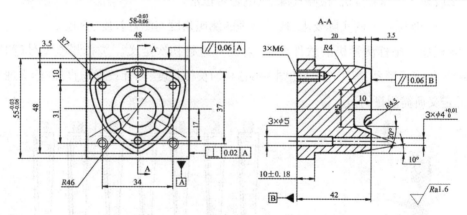

图3-6-1 注射模型芯

注射模型芯作为模具的工作零件,其尺寸精度要求高,特别是形状较为复杂的零件,一般的检测量具无法进行正确测量。本任务将用三坐标测量机测量注射模型芯长度、中心距、角度及平行度。

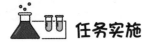

一、任务准备

(1)参加检测的同学进行分组,每组6～10人。

(2)领取零件,熟悉零件图纸。

(3)准备记录纸、笔等工具。

(4)熟悉三坐标测量机,做好以下准备:

①使用无纺布蘸无水乙醇清洁三坐标测量机的工作导轨与工作台。

②启动三坐标测量机,检测气源、供电是否正常。

③根据所需尺寸的实际要求,选择合理的测座角度与测针长度、直径。

④根据三坐标测量机的软件要求,对测座进行初次定义。选择测座型号(如图3-6-2)、传感器型号、测头型号(如图3-6-3)、加长杆长度、测针长度与直径、标准球直径,并定义所需测量的角度等。

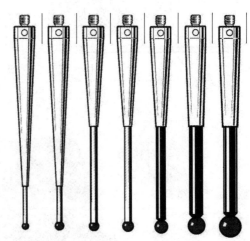

图3-6-2 测座　　　　　　　　　　　图3-6-3 测头

(5)使用标准球进行测头校正。用手动或自动方式确认标准球位置,使其自动校验测头精度(一般推荐为7～11点,点的分布要均匀)。

(6)根据测量软件的要求,使三坐标测量机的坐标系初始化(即开机初次使用时,确认三坐标测量机是机械坐标位置)。

(7)将被测零件擦拭干净后放置在工作台上,目测使被测零件尽可能与机械坐标平行,并且用夹具将其固定。

(8)建立坐标系,使三坐标测量机的机械坐标系转换成工作坐标系。

(9)根据测量面方位旋转测座方向,选择工作面。

二、任务实施

1.测量步骤

(1)测量型芯零件长度和中心距。

(2)测量半径和直径。

(3)测量角度。

(4)测量平行度。

(5)测量完毕,将测座移到安全平面,将被测零件取出,清洗工作台面,关闭测量软件,按下急停开关,关闭电源。

2.检测报告

将测量数据填入表3-6-1所示检测报告中,并进行数据处理。

表3-6-1 型芯检测报告

零件名称			编号		成绩	
测量内容	选用量具		测量数据			测量结果
	名称	规格				

模具拆装与零件检测

相关知识

一、三坐标测量机简介

三坐标测量机即三坐标测量仪,其外形结构如图3-6-4所示,它是指在一个六面体的空间范围内,能够进行几何形状、长度及圆周分度等测量能力的仪器。三坐标测量机的测量功能包括尺寸精度、定位精度、几何精度及轮廓精度等,已广泛应用于机械、电子、模具、汽车和航空航天等制造行业。

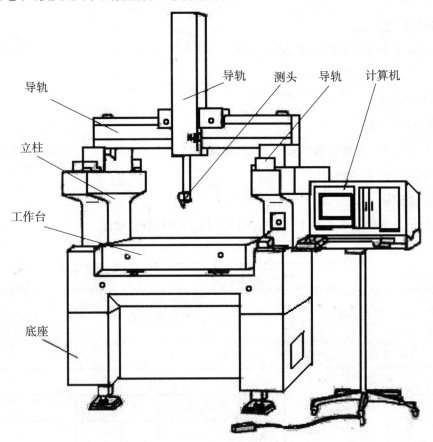

图3-6-4 三坐标测量机外形图

二、三坐标测量机测量零件的方法

1.测量长度和中心距的方法

(1)采集测量元素(图3-6-5),点为1点,线为2点,平面为3点,给定的测点数都为最少测点数。

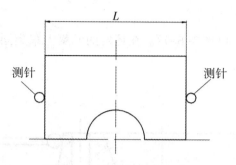

图 3-6-5 采集测量元素

（2）测量元素组合成所需要的测量条件。距离评定元素为点到点、线到线、点到平面、线到平面和平面到平面。

（3）根据测量要求选择"距离"按钮,得出测量尺寸或评定要求。

（4）测量中心距时,先分别测量评定中心距的两圆,分别组合成圆,再按"距离"按钮,得出测量尺寸或评定要求。

（5）查看、处理并打印测量报告。

2.测量半径或直径的方法

（1）采集测量元素（图3-6-6）,在圆直径内采集3点或3点以上的元素点,圆半径内采集3点或3点以上的元素点,再确认圆。

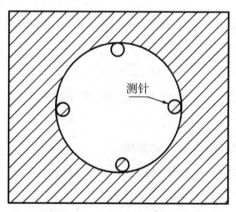

图 3-6-6 采集测量圆元素

（2）测量元素组合成所需要的测量条件。

（3）根据测量要求选择"圆"按钮,或者直接按"确认"按钮,得出测量尺寸或评定要求。

（4）查看、处理并打印测量报告。

3.测量角度的方法

(1)采集测量线元素(图3-6-7)。在评定的元素上采集同一方向的直线,采集2点或2点以上的元素点。

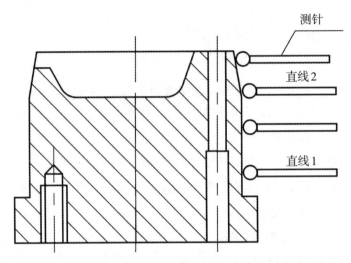

图3-6-7 采集测量线元素

(2)测量元素组合成所需要的测量条件。角度评定元素为线与线、线与平面和平面与平面。

(3)根据测量要求选择"角度"按钮,得出测量角度或评定要求。

(4)查看、处理并打印测量报告。

4.测量平行度的方法

(1)采集测量元素,点为1点,线为2点,圆、平面为3点,给定的测点数都为最少测点数。

(2)评定时选择基准面,并输入公差值。

(3)根据测量要求选择"平行度"按钮,得出测量尺寸或评定要求。

(4)查看、处理并打印测量报告。

三、三坐标测量机使用注意事项

(1)首先是要查看零件图纸,了解测量的要求和方法,规划检测方案或调出检测程序。

(2)吊装放置被测零件过程中,特别要注意遵守吊车安全的操作规程,保护不损坏测量机和零件,零件安放在方便检测、误差最小的位置并固定牢固。

（3）按照测量方案安装探针及探针附件，要按下"紧急停"按钮再进行，并注意轻拿轻放，用力适当，更换后试运行时要注意试验一下测头保护功能是否正常。

（4）实施测量过程中，操作人员要精力集中，首次运行程序时要注意减速运行，确定编程无误后再使用正常速度。

（5）一旦有不正常情况，应立即按"紧急停"按钮，保护现场，查找出原因后，再继续运行或通知维修人员维修。

（6）检测完成后，将测量程序和程序运行参数及测头配置等说明存档。

（7）拆卸（更换）零件，清洁台面。

（8）三坐标测量机在使用之后要进行适当的清理，后期保养也很重要。

任务评价

学生分组进行检测，指导教师巡视学生检测零件的全过程，发现检测过程中不规范方法要及时予以纠正，并及时填写如表3-6-2所示学生检测评价表。

表3-6-2 检测型芯评价表

评价内容	评价标准	分值	学生自评	教师评估
任务准备	是否准备充分（酌情）	5分		
任务过程	操作步骤合理；能正确选用、规范使用及摆放量具；及时完成测量任务	55分		
任务结果	及时记录测量数据并进行分析，测量数值的正确性	20分		
出勤情况	无迟到、早退、旷课	10分		
情感评价	服从组长安排，积极参与，与同学分工协作；遵守安全操作规程；保持工作现场整洁	10分		
学习体会：				

参考文献
REFERENCE

[1]王新华,袁联富.冲模结构图册[M].北京:机械工业出版社,2003.

[2]孙锡红,周德敏,李世刚.模具制造工(高级)[M].北京:中国劳动社会保障出版社,2004.

[3]徐政坤.冲压模具及设备(第2版)[M].北京:机械工业出版社,2015.

[4]杨占尧.冲压模具图册[M].北京:高等教育出版社,2004.

[5]朱光力,万金保,等.塑料模具设计(第2版)[M].北京:清华大学出版社,2007.

[6]甄瑞麟.模具制造实训教程[M].北京:机械工业出版社,2006.

[7]王孝培.冲压手册(第3版)[M].北京:机械工业出版社,2012.

[8]沈学勤.极限配合与技术测量(第二版)[M].北京:高等教育出版社,2001.

[10] 文超珍.公差配合与测量[M].北京:机械工业出版社,2013.

[11]李钟猛.塑料模设计[M].西安:西安电子科技大学出版社,1994.